信息技术和电气工程学科国际知名教材中译本系列

Lessons from AlphaZero for Optimal, Model Predictive,and Adaptive Control

阿尔法零对最优模型预测自适应控制的启示

[美] 德梅萃·P.博塞克斯 (Dimitri P. Bertsekas) 著

贾庆山 李岩 译

U0386754

清华大学出版社
北京

北京市版权局著作权合同登记号　图字：01-2024-2301

图书在版编目（CIP）数据

阿尔法零对最优模型预测自适应控制的启示 /（美）德梅萃•P. 博塞克斯（Dimitri P. Bertsekas）
著；贾庆山，李岩译. —北京：清华大学出版社，2024.4
(信息技术和电气工程学科国际知名教材中译本系列)
书名原文：Lessons from AlphaZero for Optimal，Model Predictive, and Adaptive Control
ISBN 978-7-302-66036-1

Ⅰ．①阿…　Ⅱ．①德…　②贾…　③李…　Ⅲ．①人工智能-自适应控制　Ⅳ．①TP18

中国国家版本馆 CIP 数据核字（2024）第 071793 号

责任编辑：王一玲
封面设计：常雪影
责任校对：刘惠林
责任印制：刘　菲

出版发行：清华大学出版社
　　　　　网　　　　　址：https://www.tup.com.cn, https://www.wqxuetang.com
　　　　　地　　　　　址：北京清华大学学研大厦 A 座　　　邮　　编：100084
　　　　　社　总　机：010-83470000　　　邮　　购：010-62786544
　　　　　投稿与读者服务：010-62776969, c-service@tup.tsinghua.edu.cn
　　　　　质　量　反　馈：010-62772015, zhiliang@tup.tsinghua.edu.cn
　　　　　课　件　下　载：https://www.tup.com.cn, 010-83470236
印　装　者：三河市天利华印刷装订有限公司
经　　销：全国新华书店
开　　本：185mm×260mm　　　印　　张：11　　　字　　数：262 千字
版　　次：2024 年 6 月第 1 版　　　印　　次：2024 年 6 月第 1 次印刷
印　　数：1～1500
定　　价：69.00 元

产品编号：097206-01

◀ 关于作者 ▶

Dimitri P. Bertsekas 曾在希腊国立雅典技术大学学习机械与电气工程，之后在麻省理工学院获得系统科学博士学位。他曾先后在斯坦福大学工程与经济系统系和伊利诺伊大学香槟分校的电气工程系任教。1979 年以来，他一直在麻省理工学院电机工程与计算机科学系任教，现任麦卡菲工程教授。2019 年，他加入亚利桑那州立大学计算、信息与决策工程学院并担任富尔顿教授。

Bertsekas 教授的研究涉及多个领域，包括确定性优化、动态规划、随机控制、大规模与分布式计算以及数据通信网络。他已撰写 19 部著作及众多论文，其中，数本著作在麻省理工学院被用作教材，包括《动态规划与最优控制》《数据网络》《概率导论》《凸优化算法》《非线性规划》。

Bertsekas 教授因其著作《神经元动态规划》（与 John Tsitsiklis 合著）荣获 1997 年 INFORMS 授予的运筹学与计算机科学交叉领域的杰出研究成果奖，他还获得了 2001 年美国控制协会 John R. Ragazzini 奖及 2009 年 INFORMS 说明写作奖、2014 年美国控制协会贝尔曼遗产奖、2014 年 INFORMS 优化学会 Khachiyan 终身成就奖、2015 年 MOS/SIAM 的 George B. Dantzig 奖、2018 年 INFORMS 的冯·诺依曼理论奖，以及 2022 年 IEEE 控制系统奖。2001 年，他因为"基础性研究、实践并教育优化/控制理论，特别是在数据通信网络中的应用"当选美国工程院院士。

译者序

　　德梅萃·P. 博塞克斯（Dimitri P. Bertsekas）教授是国际运筹优化与控制领域的著名学者，其系列经典教材被清华大学、麻省理工学院等国内外高校广泛使用。本书是该系列教材中的一本，由清华大学出版社引进翻译出版，构建了近似动态规划和强化学习的新的理论框架，简洁但雄心勃勃。这一框架以离线训练和在线学习这两类算法为中心，彼此独立又通过牛顿法有机融合。当今新一代人工智能技术发展绚丽多彩，在看似纷繁复杂的数据与算法表象之下，其实蕴藏着简洁而美妙的规律。通过本书的学习，读者将能体会经典优化控制理论在分析和理解当代强化学习算法性能中的强大威力，更能领悟到以阿尔法零为代表的新一代算法浪潮为经典理论提供的新的发展机遇。

　　本书适合作为普通高等学校信息科学技术领域研究生、本科生高年级教材，也可供本领域科研人员自学参考。

　　特别说明：本书为译著，为了方便读者参照原版书阅读，本书中公式、符号、参考文献等采用了原版书的格式。

贾庆山　李岩

2024 年 2 月

用四个参数我可以拟合出一头大象，用五个参数我可以让它摆动身体。[①]

——约翰·冯·诺依曼

这本学术专著的目的是提出并构建近似动态规划和强化学习的新的理论框架。这一框架以两类算法为中心，这两类算法在很大程度上彼此独立地被设计出来并通过牛顿法的有力机制融洽地合作使用。我们将这两类算法分别称为离线训练算法和在线学习算法；其名称取自一些强化学习取得显著成功的游戏。主要的例子包括近期（2017 年）的阿尔法零程序（AlphaZero 下国际象棋），以及具有类似结构的早期（20 世纪 90 年代）的时序差分西洋双陆棋程序（TD-Gammon 下西洋双陆棋）。在这些游戏的背景下，离线训练算法用于教会程序如何评价位置并在任意给定位置产生好的走法，而在线学习算法用于实时与人类或者计算机对战。

阿尔法零和时序差分西洋双陆棋程序都在离线时使用神经网络和近似策略迭代进行大量训练（策略迭代是动态规划的基础算法）。然而，离线获得的阿尔法零玩家程序并没有直接用于在线游戏（离线神经网络训练内在的近似误差使这一玩家程序不太准确）。取而代之的是，使用另一个在线玩家程序选择走棋，该程序使用了多步前瞻最小化和终止位置评价器，其中终止位置评价器通过与离线玩家程序的对战经验训练获得。在线玩家程序进行了某种形式的策略改进，并没有受到神经网络近似的影响而导致性能下降。结果，这种在线的策略改进显著提升了原离线玩家程序的性能。

类似地，时序差分西洋双陆棋程序使用单步或者双步前瞻最小化进行在线策略改进，其性能并未受到神经网络近似产生负面影响。该程序使用了通过离线神经网络训练获得的终止位置评估器，更重要的是它还通过滚动扩展其在线前瞻（使用基于位置评估器的单步前瞻玩家进行仿真）。

总结如下。

（a）阿尔法零在线玩家程序比起其大量训练的离线玩家程序，棋下得更好。这是因为使用长程前瞻最小化的精确策略改进纠正了由神经网络训练出来的离线玩家程序和位置评

[①] 根据弗莱曼·道森和恩利克·费米的会见（见 Segre 和 Hoerlin 于 2017 年出版的费米的传记《物理教皇，斗牛士》一书第 273 页）："当 1953 年道森与他会面时，费米有礼貌地欢迎他，但是他很快就将那些向他展示的理论和实验之间一致的图片放置一边。道森记得，费米的裁决是 '在理论物理中存在两种计算方法。一种方法，也是我倾向的方法，是拥有你所计算的过程的清晰的物理图景，另一种是拥有精确且自我一致的数学形式主义。你两个都没有'。当震惊的道森尝试反驳并强调实验与计算之间的一致时，费米问他用了多少个自由参数才获得这一拟合。在被告知用了 '四个' 之后，费米微笑着说道，'我记得我的老朋友约翰·冯·诺依曼曾经说过，用四个参数我可以拟合出一头大象，用五个参数我可以让它摆动身体'。" 也见 Mayer、Khairy 和 Howard 的论文 [MKH10]，其中证实了所引用的约翰·冯·诺依曼的话。

估器/终止费用近似的不可避免的不完美之处。

（b）在时序差分西洋双陆棋程序中，使用长程滚动相比于不使用滚动，棋下得更好。这是因为滚动有益，所以滚动替代了长程前瞻最小化。

从阿尔法零和时序差分西洋双陆棋程序获得的重要启示是：可以通过值空间的在线近似和长程前瞻（涉及使用离线策略的最小化或者滚动，或者两者同时使用），以及离线获得的终止费用近似显著提升离线训练的策略的性能。这一性能提升经常是显著的，且基于下文中的简单事实，这些事实建立在算法数学的基础之上，也是本书的聚焦点。

（a）采用单步前瞻最小化的值空间近似对应于用牛顿法求解贝尔曼方程时的一步（以下简称牛顿步）。

（b）牛顿步的起始点来自离线训练的结果，可以通过更长的前瞻最小化和在线滚动提升性能。

在线策略质量的主要决定因素确实是在线进行的牛顿步，而相比之下，离线训练的重要性排在第二位。

离线训练和在线学习之间的协同也是模型预测控制的基础，模型预测控制是自 20 世纪 80 年代开始广泛发展的一种主要的控制系统设计方法。这一协同也可以从无穷阶段动态规划的抽象模型与简单的几何构造法的角度来理解，有助于解释在模型预测控制中所有与稳定性有关的重要的问题。

通过值空间的近似进行策略改进有一种额外好处，这一好处在游戏中不易被观测到（因为游戏的规则和环境相对固定）。当问题参数可变或者需要在线重新规划时，通过值空间的近似进行策略改进仍然可以良好地工作，这一点与间接自适应控制类似。这时，因为参数变化需搅动贝尔曼方程，但是在值空间的近似仍然作为一步牛顿迭代。这里的一项关键要求是通过某种辨识方法在线估计系统模型，并用于单步或者多步前瞻最小化过程。

本书旨在（经常基于可视化）提供启发，为在线决策获得比离线训练额外的好处提供解释。在这一过程中，我们将阐述强化学习的人工智能视角和模型预测控制以及自适应控制的控制理论视角之间的强关联性。进一步，我们将证明在模型预测控制和自适应控制之外，我们的概念框架可以有效地与其他重要的方法集成在一起，比如多智能体系统和分布式控制、离散和贝叶斯优化以及离散优化的启发式算法。

我们的主要目标之一是通过牛顿法的算法思想和抽象动态规划的统一原理，证明阿尔法零和时序差分西洋双陆棋程序所采用的值函数近似和滚动程序非常广泛地适用于确定性和随机最优控制问题。这里用牛顿法求解的贝尔曼方程是在具有离散和连续的状态和控制空间上，以及在有限和无限的时段上的动态规划中普遍适用的算子方程。（请注意：已经在文献中使用复杂的不连续分析方法，处理了牛顿法应用于不可微算子的形式化过程中碰到的数学上的复杂性）我们已经在附录中提供了对有限维牛顿法的收敛性分析，这适用于有限状态问题，但清晰地传递了其蕴含的几何直观并指出了对无限状态的推广。我们也提供了对经典的线性二次型最优控制问题的分析、相关的黎卡提方程以及牛顿法的求解。

虽然我们在本书中弱化了数学证明，但是本书中的结论存在相当可观的相关数学分析作为支撑，而且这些分析可以在本书作者最近的强化学习教材 [Ber19a]、[Ber20a] 和抽象动态规划专著 [Ber22a] 中找到。特别地，本书可视作学术专著 [Ber20a] 核心内容的更直观的、更少数学的、可视化导向的内容呈现，[Ber20a] 处理值空间近似、滚动、策略迭代，以及多智能体系统。抽象动态规划专著 [Ber22a] 建立了支撑本书可视化框架的数学，是关于后续数学研究的主要参考文献。强化学习教材 [Ber19a] 提供了对强化学习内容的更一般性的介绍，并且包括了对无限时段精确动态规划以及近似动态规划的一些核心内容的数学证明，包括误差界分析，其中的许多内容也以更加细致的形式包含在作者的动态规划教材 [Ber12] 中。这些书中的内容合在一起构成了作者在亚利桑那州立大学的"网上强化学习"课程的核心内容。

这本专著，以及我之前著作的关于强化学习的书，是我在过去四年讲授亚利桑那州立大学课程的过程中完成的。这一课程的视频与课件可从网站 http://web.mit.edu/dimitrib/www/RLbook.html 上找到，该网站提供了本书的有益补充。在这一过程中，亚利桑那州立大学热情且充满活力的环境对我的工作帮助良多，为此我非常感谢同事们和学生们的有益讨论。我在亚利桑那州立大学的课程助教 Sushmita Bhatacharya、Sahil Badyal 和 Jamison Weber 提供了许多帮助。我也非常感谢与亚利桑那州立大学之外的同事们和学生们成果颇丰的讨论，特别是 Moritz Diehl 对模型预测控制提供了非常有用的意见；Yuchao Li 仔细校对了整本书，与我开展合作研究，实现了多种方法，并且测试了几种算法的变形。

Dimitri P. Bertsekas, 2022

目录

第 1 章　阿尔法零、离线训练和在线学习

本书旨在为强化学习和近似动态规划提供一种新的概念框架。这两个领域自 20 世纪 80 年代和 90 年代开始协同，加上机器学习的涌现，导致了影响深远的综合体，最终对算法优化领域产生了重要影响。

本章概述了我们框架的动机和算法上的依据，其与阿尔法零及相关游戏程序以及求解不动点问题的牛顿法的联系。在后续章节中我们将具体描述这一架构，并使用抽象动态规划理论、相关的可视化、自适应、模型预测和线性二次型控制的思想，以及离散和组合优化的范式。

DeepMind 公司开发的阿尔法零程序，见 [SHS17]、[SSS17]，可能是强化学习时至今日最成功的故事。阿尔法零下国际象棋、围棋并玩其他游戏，是早先只能下围棋的阿尔法围棋程序 [SHM16] 在性能和通用性上的改进版本。阿尔法零和其他的基于类似原理的国际象棋程序，与在 2021 年可以找到的所有其他计算机程序相比棋下得一样好或者更好，而且比人类好许多。这些程序在其他几个方面也是了不起的。特别地，它们在没有人类指导的情况下仅仅通过和自己对弈产生的数据就学会了下棋。进一步，它们很快便学会了如何下棋。事实上，阿尔法零在数小时内就学会了如何比所有的人类棋手和其他计算机程序更好地下国际象棋（必须说，这得益于令人敬畏的并行计算能力）。

我们也需要指出阿尔法零的设计原理与 Tesauro 的下西洋双陆棋（该游戏有显著的计算和策略复杂性，涉及的状态数量据估计超出了 10^{20}）的时序差分西洋双陆棋程序 [Tes94]、[Tes95]、[TeG96] 有许多共同点。Tesauro 的程序在 20 世纪 90 年代中期激发了人们研究强化学习的兴趣，这些程序类似地展示了一个与人类西洋双陆棋玩家不同且更好的下法。Scherrer 等 [SGG15] 及几位先驱，包括可追溯到 20 世纪 90 年代的算法机制的提出者 Tsitsiklis 和 Van Roy[TsV96] 以及 Bertsekas 和 Ioffe[BeI96] 基于类似的原理描述了一个玩（单人）俄罗斯方块游戏的相关程序。尽管处理的问题比国际象棋容易许多，西洋双陆棋和俄罗斯方块具有特殊的意义，因为它们涉及了显著的随机不确定性，于是不适合使用长程前瞻最小化，后者被广泛地认为是阿尔法零以及更一般的国际象棋程序取得成功的主要原因。

这些了不起的棋类程序不仅有聪明的实现方式，更重要的是基于最优和次优控制中公认的方法论，这些方法论适用于工程学、经济学和广泛的其他领域。这就是动态规划（DP）、策略迭代、有限前瞻最小化、滚动和相关的值空间近似方法论。本书的目的是提出有些抽象的概念框架，这将能揭示出阿尔法零和时序差分西洋双陆棋程序与控制和决策的一些核心问题之间的联系，并为可能影响深远的推广提出一些建议。

为了理解阿尔法零和相关程序的整体结构，以及它们与动态规划、强化学习方法论的联系，将它们的设计分为以下两部分。

（a）离线训练，这是一个算法，学会如何评价国际象棋的棋局以及如何基于一个缺省的、基础的国际象棋玩家程序将其自身朝向更好的棋局方向改进。

（b）在线学习，这是一个算法，使用其离线经历过的训练，实时生成与人类或者计算机对手对抗的好的走子。

一条重要的经验事实是阿尔法零的在线玩家程序远胜过经过大量训练的离线玩家程序。这从概念上支持了一个想法，具有广泛的通用性，也是本书的中心内容，即离线训练获得的策略的性能可以通过在线学习得到大幅提升。我们接下来将简要描述离线训练和在线学习算法，将它们关联到动态规划的概念和原理上，并在大部分内容中聚焦在阿尔法零上。

1.1 离线训练和策略迭代

　　类似于在阿尔法零中使用的离线训练算法是更大程序中的一部分，这类程序在与对手的实时对弈之前通过自我训练学会如何下棋。这示于图 1.1.1 中，并且生成一系列象棋玩家和棋局评估器。象棋玩家在任意给定的象棋棋局下为所有可能的走法分配"概率"：这可以被视作各走法"有效性"的对应度量。棋局评估器为任意给定的象棋棋局分配一个数字得分，于是从任意棋局开始定量评估一位玩家的表现。象棋玩家和棋局评估器由神经网络表示为策略网络和值网络，分别以象棋棋局为输入并生成一组移动的概率和对棋局的评估。[1]

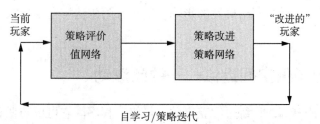

图 1.1.1　阿尔法零离线训练算法示意图。它生成一系列棋局评估器和象棋玩家。棋局评估器和象棋玩家用值网络和策略网络这两个神经网络表示，接受象棋棋局为输入并且分别输出棋局评估和走子概率集合。

　　棋局是游戏的状态，象棋玩家是在给定状态下选择行动和控制的随机策略。[2]

　　整体训练算法是一种策略迭代，一种在本书中具有重要意义的动态规划算法。从给定的玩家开始，该算法不断生成（近似的）改进玩家，并最终选中据经验评估在所有玩家中"最好的"那一个。策略迭代可在概念上分成两个阶段（见图 1.1.1）。

　　（a）策略评价：给定当前玩家和象棋棋局，从这个棋局开始的一盘棋的结果提供了单个数据点。如此收集许多数据点并用于训练一个值网络，其输出作为那个玩家的棋局评估器。

　　（b）策略改进：给定当前玩家及其棋局评估器，对于从许多位置开始的残局选中尝试性的走子序列并进行评价。然后通过将当前玩家的走子概率朝向获得最好结果的尝试走子的方向进行调整，于是生成一位改进的玩家。

　　在阿尔法零（以及下围棋的版本——阿尔法围棋零）中策略评价使用深度神经网络。策略改进使用了复杂的算法，称为蒙特卡洛树搜索（简称为 MCTS），这是随机多步前瞻

---

　　[1] 这里的神经网络扮演了近似函数的角色。通过将玩家视作函数，为棋局指定走子概率；将棋局评估器视作函数，为棋局分配数字得分；策略网络和值网络基于训练数据提供了对这些函数的近似。实际上，阿尔法零用相同的神经网络训练值和策略。所以神经网络存在两个输出：值和策略。这对于本书而言与拥有两个分开的神经网络基本等价，我们倾向于将这个结构解释为两个分开的网络。阿尔法围棋用了值网络和策略网络这两个分开的网络。Tesauro 的西洋双陆棋程序使用了单个值网络，并且在需要的时候用值网络作为末端棋局的评估器通过单步或者两步前瞻最小化生成走子。

　　[2] 另外一点复杂之处在于国际象棋和围棋是两位玩家的游戏，而我们大部分的推导将仅涉及单个玩家的优化。尽管动态规划理论和算法可以推广到两位玩家的游戏，我们将不讨论这些推广，除了在第 6 章中从非常有限的方式稍做讨论。取而代之，一个国际象棋程序在原则上可以训练到与一位固定的对手下得很好，此时单玩家优化的框架适用。

最小化的一种形式，通过智能化地对多步前瞻树剪枝，提升多步前瞻操作的效率。

然而，我们指出尽管使用深度神经网络和 MCTS 可获得一些性能提升，但本质上并不重要。深度神经网络能够达到的近似质量同样可以用浅层神经网络达到，而且可能以更高的样本效率达到。类似地，尽管 MCTS 可能在计算上更有效，但是 MCTS 不能获得比标准的穷举搜索更好的前瞻精度。确实，策略改进可以不用 MCTS 从而更简单地实现，正如在 Tesauro 的时序差分西洋双陆棋程序中：我们从给定的棋局开始尝试所有可能的走子序列，向前推进一些步数，然后用当前玩家的位置评估器评价末端棋局。通过这种方式获得的走子评估器用于将当前玩家的走子概率轻轻推向更加成功的走子，于是获得了用于训练表示这个新玩家的策略网络的数据。[①]

无论是否使用深度神经网络或者 MCTS，重要的是注意到由于神经网络的表示形式本质上是一种近似，阿尔法零中通过近似策略迭代和神经网络训练获得的最终策略和对应的策略评价涉及严重的不精确性。接下来要讨论的阿尔法零在线玩家在值空间使用了值空间近似和多步前瞻最小化，除了已经离线训练出来的神经网络之外并不涉及任何其他的神经网络，因而不受这样的不精确性的影响。结果，阿尔法零在线玩家程序远胜离线玩家程序。

1.2 在线学习与值空间近似——截断滚动

考虑通过阿尔法零离线训练过程获得的"最终"程序。它可以与任意对手对弈，在任意棋局下只需要用其离线训练出来的策略网络产生走子概率，并按照最高概率的走法下棋即可。在线情形下这个程序下得很快，但是并未强到可击败人类棋手。要获得阿尔法零的超群实力，还需要将离线训练获得的程序嵌入到另一个算法之中，我们称这个算法为"在线玩家"。[②]换言之，阿尔法零在线下棋的表现远好于它通过复杂的离线训练产生的最好的程序。这一现象，通过在线下棋改进策略，对于本书具有核心重要性。

给定离线获得的策略网络、玩家程序及其值网络和棋局评估器，在线算法大致按照如下的方式下棋（见图 1.2.1）。在给定的棋局之下，程序产生前瞻树，包含直到给定深度的所有可能的多步走子及对手走子序列。然后将离线获得的玩家再多运行一些步数，然后使用值网络的棋局评估器评价剩余走子的效果。

中间的部分称为"截断滚动"，可以视作更长的前瞻最小化的经济化替代。实际上在阿尔法零的发表版本 [SHS17] 中并未使用截断滚动；第一部分（多步前瞻最小化）非常长且（部分地通过使用 MCTS）被高效地实现了，因而滚动部分不是很重要。阿尔法零之前的阿尔法围棋用了滚动 [SHM16]。更进一步，国际象棋和围棋程序（包括阿尔法零）通常使用周知的有限形式的滚动，被称为"宁静搜索"，目的是在调用棋局评估器之前通过模拟生

[①] 论文 [SSS17] 中的原文："阿尔法围棋零自我对弈算法可以简单地理解为一种近似策略迭代机制，其中 MCTS 同时用于策略改进和策略评价。策略改进从神经网络策略开始，基于该策略的推荐执行 MCTS，然后将（强大许多的）搜索策略投影回神经网络的函数空间。策略评价用于这个（强大许多的）搜索策略：自我对弈游戏的结果也投影回神经网络的函数空间。这些投影步骤通过将神经网络参数训练为分别匹配搜索概率和自我对弈游戏的结果来实现。"

[②] 论文 [SSS17] 中的原文："MCTS 搜索输出每次走子的概率。这些搜索概率经常选择比神经网络的原始走子概率强大许多的走子。"具体来说，这一描述指的是 MCTS 算法，用于在给定的围棋比赛的过程中碰到的每个棋局之下在线地产生走子的概率。这里提及的神经网路用离线方式训练获得，也部分用于 MCTS 算法。

成的多步互相吃子解决迫在眉睫的威胁和高度动态的棋局。滚动在 Tesauro 的 1996 年的西洋双陆棋程序 [TeG96] 获得高性能中发挥了重要作用。原因是西洋双陆棋涉及随机不确定性，由于每步对应的前瞻树迅速扩张导致长程前瞻最小化不可用。①

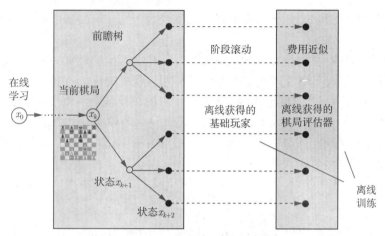

图 1.2.1　在线程序的示意图，适用于阿尔法围棋、阿尔法零和 Tesauro 的西洋双陆棋程序 [TeG96]。在给定的棋局之下，程序产生直到某个给定深度的多步走子的前瞻树，再运行离线获得的程序多走几步，然后通过使用离线程序的棋局评估器评价剩余走子的效果。

在控制系统设计中，模型预测控制（MPC）采用了与阿尔法零和时序差分西洋双陆棋程序类似的架构。在那里，前瞻最小化中的步数称为控制区间，而前瞻最小化和截断滚动中的总步数称为预测区间，见 Magni 等 [MDM01]。（用于 MPC 设计的 MATLAB 工具箱明确允许用户指定这两个区间）众所周知，在这样的上下文中采用截断滚动作为长程前瞻最小化的经济性替代有许多好处。我们将在 5.2 节中进一步讨论 MPC 的结构及其与阿尔法零在架构上的相似性。

与图 1.2.1 中所示的在线玩家类似的采用费用函数近似的动态规划框架也称为近似动态规划，或者神经动态规划，对我们的目的来说处于中心位置。本书将这些方法笼统地称为值空间近似。②

也注意到一般而言离线训练和在线策略实现可以彼此独立地设计出来。离线训练的部分可以非常简单，例如使用基于已知的启发式策略的无截断或者无末端费用近似的滚动。相反，可以使用复杂的过程对末端费用函数的近似进行离线训练，所得到的近似费用函数可用于值空间近似机制中的前瞻最小化。

1.3 阿尔法零的经验

阿尔法零和时序差分西洋双陆棋程序的成功经验强化了一条重要的结论,广泛地适用于决策和控制问题:虽然在策略的设计阶段已经投入了大量离线工作量,但是其性能还可以通过值空间的在线近似、额外的前瞻最小化以及基于这一策略和末端费用近似的滚动得到显著提升。

在下面的章节中,我们旨在强化这一主题并且在更广泛的最优决策和控制的问题中集中关注阿尔法零一类架构的主要特征。我们将使用直观可视化的方法,并把用牛顿法求解贝尔曼方程放在中心位置。①简要来说,我们的中心思想是值空间的在线近似等于求解贝尔曼方程的牛顿法的一步,而牛顿法的起点基于离线训练的结果,见图 1.3.1。进一步,这一起点可以通过几种在线操作提升,包括更长程的前瞻最小化以及基于通过离线训练或者启发式规则近似所得策略的在线滚动。

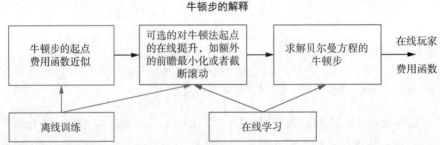

图 1.3.1 离线训练、在线学习与求解贝尔曼方程的牛顿法之间关联的示意图。在线学习被视作牛顿法的一步,而离线训练提供了牛顿步的起点。牛顿步从费用近似 $\tilde{J}$ 开始(该近似可以在线提升),并产生在线玩家的费用函数。

这一解释将是关于在线生成的策略的稳定性、性能和鲁棒性分析的强有力启发的基础。特别地,我们将展示基于值空间近似及其下的离线训练/在线学习结构的反馈控制所提供的益处远远超出了传统智慧所想到的"反馈纠正了不确定性和模型误差"。这是因为使用神经网络一类的近似架构进行离线训练有内在误差,我们(使用牛顿步)纠正这一误差,从而获得显著的性能提升,这便是在离线训练的基础之上接力进行在线学习。

我们的数学框架基于抽象动态规划的统一原则,包括贝尔曼方程的抽象形式、值迭代算法和策略迭代算法(见作者的著作 [Ber12]、[Ber22a])。然而,在本书中,我们将淡化数学证明。存在相当丰富的相关分析支持着我们的结论,且可在作者最近的强化学习的书 [Ber19a]、[Ber20a] 中找到。

小结一下,我们的分析将旨在突出下述论点。

小结

(a)值空间近似是用牛顿法求解贝尔曼方程中的精确一步。可以基于初步的在线

---

① 贝尔曼方程位于无限时段动态规划理论的中心位置,在这里被视作函数方程,其解是操控系统的费用且被视作系统初始状态的函数。我们将在第 2 章中对折扣和其他类型的问题给出贝尔曼方程的例子,也将在第 3 章中给出更通用的贝尔曼方程的抽象形式。

调整以及值迭代提升初始点进而改进牛顿步的性能。

（b）（a）中的牛顿步的起点通过某种未指定的离线方法获得，可能涉及对相关但是更简单问题的求解，以及基于数据训练神经网络或者基于特征的结构。

（c）阿尔法零/时序差分西洋双陆棋程序结构中的在线对弈和离线训练部分分别对应于上述（a）和（b）。

（d）阿尔法零的在线玩家程序的性能显著优于基于深度神经网络训练出的玩家程序，其原因与牛顿步（a）可以在其起点（b）的基础上显著提升的原因相同，即牛顿法典型的超线性收敛性质。

（e）l 步前瞻最小化被视作单步前瞻最小化，其中使用了 $l-1$ 步值迭代提升上述（a）中牛顿步的起点。

（f）上述（a）和（b）的算法过程可以通过多种方法设计，且可以独立地实现。例如：

（1）牛顿步（a）的实现可以涉及也可以不涉及下述：截断滚动、在线蒙特卡洛仿真、MCTS 或者其他高效的树搜索技术、各种形式的连续空间优化、在线策略迭代等。

（2）起点（b）的计算可以涉及也可以不涉及下述：Q-学习、基于时序差分或集结的近似策略迭代、神经网络、基于特征的函数近似、使用策略梯度或策略随机搜索等策略空间的近似方法离线训练获得的策略等。进一步，这一计算的细节可能显著变化但是并不显著影响整体机制的有效性，这一有效性主要由牛顿步（a）确定。

（g）牛顿步（a）的高效实现对于满足生成控制所需要的实时约束经常是关键的，且允许更加长程的前瞻最小化，这通常提升了牛顿步的起点及其性能。相比之下，（b）所使用的离线训练算法没有严格的实时约束，尽管采样效率和对性能的精细调整重要，但不是关键的。

（h）牛顿步的有效实现可能受益于分布式计算和其他的简化。例如，多智能体问题，我们之后将进一步讨论（见第 3 章）。

（i）对于变量取值不断变化的问题进行在线重规划会遇到鲁棒性的问题，而值空间近似有效地处理了这一问题。这里的机制与间接自适应控制所使用的机制类似：在线估计变化的问题参数，并且使用牛顿步替代对控制器的代价很高的完整重新优化。当存在变化的参数时，贝尔曼方程发生变化，但是牛顿步仍然有效，且瞄准与系统参数的估计值对应的最优解。

（j）模型预测控制（MPC）拥有与阿尔法零类程序在概念上相类似的结构，需要在线对弈的部分涉及多步前瞻最小化和各种形式的截断滚动，需要离线训练的部分以构造末端费用近似，需要"安全"状态空间区域或者可达性管道以处理状态约束。MPC的成功可以归因为这些类似之处以及如上述（i）部分描述的其对于变化的问题参数的韧性。

（k）采用稳定策略的在线滚动获得对于牛顿步（a）有利的起点：它提升了通过值空

间近似获得的策略的稳定性，且其经常提供了对于长程前瞻最小化的经济性替代。

（1）动态规划的原理经常对于任意的状态和控制空间都成立。因为上述（a）~（k）中的核心思想基于动态规划原理，所以这些思想在相当广泛的背景下成立：连续空间控制系统、离散空间马尔可夫决策问题、混杂系统控制、多智能体系统决策、离散和组合优化。

上述各点旨在强调阿尔法零与时序差分西洋双陆棋程序、值空间近似、决策与控制之间联系的重要性。在实践中自然存在例外与调整，这需要针对特定的应用并且在恰当的假设条件下来处理。进一步，本书启发并建议了一些研究内容，虽然其中一些已通过近似动态规划及模型预测控制的现有研究得以证明，但仍有许多内容需要严格的分析证明，需要在具体的问题中强化结论。

1.4 强化学习的一种新概念框架

本书采用近似序贯决策的架构以及值空间近似机制，并着重强调离线训练与在线对弈算法的区别。在这样做的过程中，我们将旨在建立强化学习的一种新概念框架，该框架基于离线训练和在线对弈之间的协同与互补，以及牛顿法的分析框架。

我们将隐含地假设，虽然离线训练可用的时间相当长（从实际的角度考虑认为是无限的），但是手上的问题却由于如下情形（中的一个或两个）导致无法使用诸如策略迭代和Q-学习一类的精确动态规划算法。

（a）状态太多（比如在连续空间问题中存在无穷多状态，在国际象棋等离散空间问题中存在非常多的状态）。结果导致不可能用列表法表示策略、值函数、Q-因子，唯一实际的替代选择是通过神经网络或者某种其他近似架构进行紧凑表达。

（b）与模型预测控制类似，系统模型随时间变化。即使在某些标称问题中通过离线计算获得精确最优策略，当问题参数变化时这一策略也变成了次优。

在本书中，我们不讨论训练算法以及相关的采样效率问题，但是推荐许多已有的参考资料，包括作者的强化学习的书 [Ber19a]、[Ber20a]。

此外，由于实时应用中相邻两次决策之间的硬性实际约束，我们将假设在线决策的时间有限。这些约束条件高度依赖于问题：对于某些问题，在获得状态的观测之后，我们可能需要在不到一秒的时间内产生下一个决策，而在其他一些问题中我们也许有几个小时可用。我们将假设不论有多少时间可用，都将用于提供非常准确（几乎是精确）的单步或多步前瞻最小化，而且当时间允许的时候，用于尽可能拓展前瞻最小化与截断滚动的综合长度（截断滚动一般采用离线算出的策略）。这里所采用的设计决策是将问题分解为前瞻最小化和基于策略的截断滚动。尽管这一分解方式可能依赖具体问题，但是我们默认更长程的前瞻最小化有助于获得更好的策略①。注意并行和分布式计算可以在处理实际的在线时间约束时扮演重要的角色。

在我们的概念框架中，一个中心事实是：基于单步前瞻最小化的值空间近似等于用牛顿法求解贝尔曼方程时的一步。也许牛顿类步骤已经成为离线训练过程的一部分，但前述

———————————————————

① 有可能人工构造一些问题，其中更长程的前瞻导致更差的性能（见 [Ber19a]2.2 节），但这些问题在实际中是罕见的。

单步牛顿步与这些牛顿类步骤不同，因为这一单步牛顿步是准确的：所有的近似已蕴含在其起点中。进一步，牛顿步可以非常有力，其起点可以通过多步前瞻最小化或者通过截断滚动提升。从算法的视角来看，牛顿步以超线性的速率收敛而且无需贝尔曼算子 T 的可微性：它利用了 T 的单调性和凹结构（在附录中，我们将在不需要可微性假设的前提下讨论牛顿法）。

总结一下，离线训练和在线对弈都存在本质局限：前者的局限源自近似架构的能力有限，后者的局限源自在线计算时间有限。前者的局限难以轻易克服，但是可以借助牛顿步、长程前瞻最小化和截断滚动的力量，并通过并行、分布式计算弥补后者的不足。

我们的设计理念小结如下。

（1）本机制所得控制器的质量主要取决于在线执行的单步牛顿步。用较为突兀的方式表示为，与牛顿步相比，离线训练的重要性是第二位的。换言之，失去了在线单步或者多步前瞻最小化，仅仅通过离线训练获得的策略的质量经常差得不可接受。特别地，无论是否使用神经网络、基于特征的线性架构、时序差分方法、集结、策略梯度、策略随机搜索，或者其他合理的方法，离线训练主要用于为牛顿步提供良好的或者合理的起点。从我们的角度看，这是从阿尔法零和时序差分西洋双陆棋程序获得的主要经验。这一理念也存在于模型预测控制中，其中在线前瞻最小化（也许用截断滚动进行补充）在传统上是主要的关注点，而离线计算扮演了有限的次要角色。①

（2）牛顿步经常强大到足以抹平不同离线训练方法之间的差异。特别地，例如采用不同 λ 取值的 TD(λ) 方法、策略梯度、线性规划等，都为牛顿步提供了不同的、但相差不大的起点。由此的结论是：增大离线训练的样本数量以及提升采样效率，在超过一定程度之后作用有限。因为这些不同的离线训练方法在效率和精度上的差异会被牛顿步消除掉。

（3）在线牛顿步也在自适应控制的背景下应用效果良好，前提是采用当前正确的模型参数进行计算（所以这需要在线的参数辨识算法）。原因是当问题参数变化时，贝尔曼算法随之变化，但是牛顿步在正确的贝尔曼算子的基础上执行。这也是模型预测控制在自适应控制的问题中成功应用的主要原因。

我们将在后续的行文中反复回到这些要点上。

1.5　注释与参考文献

动态规划的理论可追溯到 20 世纪 40 年代后期和 50 年代，并且为我们的主题提供了基础。确实，强化学习可被视作精确动态规划方法论的近似形式。作者的动态规划教材 [Ber17a] 对有限时段动态规划及其在离散和连续空间问题上的应用提供了详细的讨论，使用了与本书一致的符号和风格。Puterman[Put94] 和作者的书 [Ber12] 提供了对无限时段有限状态马尔可夫决策问题的细致处理。

连续空间无限时段问题包含在作者的书 [Ber12] 中，而精确动态规划的一些更复杂的数学分析在 Bertsekas 和 Shreve 的专著 [BeS78] 中进行了讨论（特别是与随机最优控制有

---

① 很偶然地，这是模型预测控制领域和强化学习领域存在显著差异的一个主要原因，前者主要关注在线对弈，后者主要关注离线训练。

关的概率论与测度论问题）。①

作者的抽象动态规划专著的第三版 [Ber22a] 扩展了原先 2013 年第一版的内容，旨在为总费用序贯决策问题的核心理论与算法提供统一的推导。通过使用抽象动态规划算子（或者贝尔曼算子，正如经常在强化学习中所称呼的那样），同时处理了随机、极小化极大、博弈、风险敏感以及其他动态规划问题。对于一些可视化的启发以及与对本书目的重要的牛顿法的联系而言，这一抽象框架是重要的。

自 20 世纪 80 年代后期及 90 年代早期，动态规划与强化学习之间的联系变得明显了。这之后近似动态规划与强化学习的文献出现了显著增长。在下文中，我们提供了教材、研究专著、广泛的综述的列表，补充了我们的讨论，表达了从动态规划与强化学习之间的联系出发的相关视角，一并提供了对文献的指导。

强化学习教材

在 20 世纪 90 年代有两本书为本领域的后续发展奠定了基调。一本是 Bertsekas 和 Tsitsiklis 在 1996 年的 [BeT96]，反映了决策、控制和优化的视角；另一本由 Sutton 和 Barto 在 1998 年完成，反映了人工智能的视角（其第 2 版 [SuB18] 于 2018 年出版）。对于本书中一些主题的更广泛的讨论，包括算法收敛性问题和额外的动态规划模型，如基于平均费用和半马尔可夫问题优化，我们推荐前一本书以及作者的动态规划教材 [Ber12]、[Ber17a]。注意，因为这两本书不处理连续空间问题，所以这两本书都处理有限状态马尔可夫决策模型并使用转移概率的符号体系，而这也是本书的主要兴趣所在。

更加近期的书包括 Gosavi[Gos15]（这是他 2003 年专著大幅扩充后的第 2 版），强调基于仿真的优化和强化学习算法；Cao[Cao07] 专注于基于仿真的灵敏度方法；Chang、Fu、Hu 和 Marcus[CFH13]（他们 2007 年专著的第 2 版）强调有限时段、多步前瞻和自适应采样；Busoniu、Babuska、De Schutter 和 Ernst[BBD10a] 专注于连续空间系统的函数近似方法并包括对随机搜索方法的讨论；Szepesvari[Sze10] 是一部短篇专著，选择性地处理一些主要的强化学习算法，例如时序差分方法、多柄老虎机方法和 Q-学习；Powell[Pow11] 强调资源分配和运筹应用；Powell 和 Ryzhov[PoR12] 专注于学习和贝叶斯优化的特定主题；Vrabie、Vamvoudakis 和 Lewis[VVL13] 讨论基于神经网络的方法和在线自适应控制；Kochenderfer 等 [KAC15] 选择性地讨论动态规划中的应用与近似，以及对不确定性的处理；Jiang 和 Jiang[JiJ17] 在近似动态规划的框架中处理自适应控制和鲁棒问题；Liu、Wei、Wang、Yang 和 Li[LWW17] 处理自适应动态规划，以及强化学习和最优控制中的主题；

---

① 随机最优控制的严格数学理论，包括发展出合适的测度论框架，追溯到 20 世纪 60 年代和 70 年代。这在专著 [BeS78] 中登峰造极，基于 Borel 空间、下半解析函数、普遍可测策略的形式化，提出了现在"标准的"框架。这其中的推导具有相当多的数学复杂性，众多原因之一是当两个变量 x 和 u 的 Borel 可测函数 $F(x,u)$ 相对于 u 最小化之后，所得函数

$$G(x) = \min_u F(x,u)$$

未必是 Borel 可测的（它是下半解析的）。进一步，即使最小值可由几个函数/策略 μ 取到，即，$G(x) = F(x,\mu(x))$ 对所有 x 成立，仍有可能这些 μ 中的任何一个都不是 Borel 可测的（然而，在更广泛类别的普遍可测策略中确实存在最小化的策略）。

学术专著 [BeS78] 对这类问题提供了详细的介绍，而动态规划教材 [Ber12] 的附录 A 提供了指南性的介绍。Huizhen Yu 和作者的后续工作 [YuB15] 解决了与策略迭代有关的特殊的可测性问题，并提供了与值迭代有关的额外的分析。在强化学习文献中，围绕可测性的数学困难通常被忽略（正如在本书中那样），这样做是可以的，因为它们在应用中并不扮演重要的角色。进一步，对于涉及有限或者可数无穷扰动空间的问题，（这是本书的隐含假设）不会出现可测性的问题。然而我们注意到在强化学习和精确动态规划中存在相当多已发表的工作，声称解决了可测性问题，但其数学叙述要么令人困惑，要么干脆是错的。

Zoppoli、Sanguineti、Gnecco 和 Parisini[ZSG20] 处理最优控制中的神经网络近似以及采用非经典信息模式的多智能体、团队问题。

还有几本书，尽管没有完全聚焦在动态规划和强化学习，但涉及本书的几个主题。Borkar 的书 [Bor08] 是一部深入的学术专著，主要适用所谓的 ODE 方法，严格地处理了在近似动态规划中迭代随机算法的许多收敛性问题。Meyn 的书 [Mey07] 覆盖面更宽，但是讨论了一些常见的近似动态规划和强化学习算法。Haykin 的书 [Hay08] 在更宽的神经网络相关的主题上讨论近似动态规划。Krishnamurthy 的书 [Kri16] 聚焦在部分状态信息的问题上，并且讨论了精确动态规划和近似动态规划、强化学习方法。Kouvaritakis 和 Cannon 的 [KoC16]，Borrelli、Bemporad 和 Morari 的 [BBM17] 以及 Rawlings、Mayne 和 Diehl[RMD17] 这几本教材一并提供了对模型预测控制方法论的综述。Lattimore 和 Szepesvari 的书 [LaS20] 聚焦在多柄老虎机方法。Brandimarte 的书 [Bra21] 对动态规划、强化学习做了教程式介绍，强调了运筹应用并包括了 MATLAB 代码。Hardt 和 Recht 的书 [HaR21] 聚焦在更宽广的机器学习的主题上，但是也选择性地覆盖了近似动态规划和强化学习的主题。

本书在风格、术语和符号体系上与作者最近的强化学习教材 [Ber19a]、[Ber20a] 以及抽象动态规划学术专著 [Ber22a] 类似，这些书合在一起提供了对这些主题的相当丰富的介绍。特别地，2019 年的强化学习教材包括了对值空间近似方法更广的覆盖，包括确定性等价控制和集结方法。它也显著地覆盖了策略空间近似的策略梯度方法，我们在这里将不讨论。2020 年的书更细致地聚焦在滚动、策略迭代和多智能体问题上。抽象动态规划学术专著 [Ber22a] 是对精确动态规划的深入处理，也与本书中使用的一些可视化有关联。本书少了一些数学理论，更加关注概念，依靠首先在 [Ber20a] 一书和 [Ber22b] 论文中提供的分析关注值空间近似与牛顿法的联系。

综述与短研究专著

除教材之外，有很多与本书主题有关的综述和短研究专著，其数量在迅速增加。具有影响力的早期综述包括 Barto、Bradtke 和 Singh 从人工智能视角的书 [BBS95]（处理实时动态规划及其之前的实时启发式规则搜索 [Kor90]，以及对异步动态规划思想的使用 [Ber82]、[Ber83]、[BeT89]）和 Kaelbling、Littman 和 Moore 的书 [KLM96]（聚焦在强化学习的通用原理上）。White 和 Sofge 的书 [WhS92] 也包括了描述本领域早期工作的几篇综述。

在 Si、Barto、Powell 和 Wunsch 的书 [SBP04] 中的几篇综述论文描述了一些近似方法：线性规划方法（De Farias[DeF04]）、大规模资源分配方法（Powell 和 Van Roy[PoV04]）和确定性最优控制方法（Ferrari 和 Stengel[FeS04] 以及 Si、Yang 和 Liu[SYL04]），我们在本书中将不会深入讨论。Lewis、Liu 和 Lendaris[LLL08] 以及 Lewis 和 Liu[LeL13] 的综述中更新了对于这些和其他相关主题的介绍。

近期的扩展综述和短研究专著包括 Borkar[Bor09]（从方法论视角探讨了与其他蒙特卡洛机制的联系），Lewis 和 Vrabie[LeV09]（控制理论的视角），Szepesvari[Sze10]（从强化学习的视角讨论值空间近似），Deisenroth、Neumann 和 Peters[DNP11] 以及 Grondman 等 [GBL12]（聚焦在策略梯度方法上），Browne 等 [BPW12]（聚焦在蒙特卡洛树搜索），Mausam 和 Kolobov[MaK12]（从人工智能视角处理马尔可夫决策问题），Schmidhuber[Sch15]、Arulkumaran 等 [ADB17]、Li[Li17]、Busoniu 等 [BDT18]、作者的 [Ber05]（聚

焦在滚动算法和模型预测控制），作者的 [Ber11]（聚焦在近似策略迭代），作者的 [Ber18b]
（聚焦在集结方法），Recht[Rec18]（聚焦在连续空间最优控制）。

本书的研究内容

本书的研究专注点是提出并发展一套新的概念性框架，作者相信该框架在基于动态规
划的强化学习方法论中是基本性的。以这一框架为中心，可以将强化学习机制的设计过程
分为离线训练和在线学习算法，可以展示这些算法通过牛顿法的强大机制协同运行。

本书的风格与作者的更加数学导向的强化学习书 [Ber19a] 和 [Ber20a] 的风格以及抽
象动态规划书 [Ber22a] 的风格不同。特别地，本书强调通过可视化提供的启发胜过严格的
证明。与此同时，本书小心地区分可证明的论点和猜测性的论点。通过强调可能出现的例
外行为，本书也旨在强调当超出相对行为良好的有限时段和折扣、压缩问题之后，需要在
更多类型的问题中进行严肃的数学研究和实验。

本书结构

本书结构如下。在第 2 章，我们综述经典的无限时段最优控制问题的理论，旨在为之
后各章提供一些介绍和解析平台。在第 3 章，我们介绍抽象动态规划框架，这将为牛顿法
中的值空间近似准备好相关的概念上的、可视化的解释。在这一章，我们也将讨论在线策
略迭代，目的是通过使用在线收集的训练数据在值空间算法中提升在线近似的性能。在第
4 章，我们将在线性二次型问题的简单直观的框架中解释我们的分析，这一框架通过黎卡
提方程算子进行可视化。在第 5 章，我们讨论变化的问题参数、自适应控制、模型预测控
制等多种问题。在第 6 章，我们将之前章节的思想推广到有限时段问题和离散优化，且特
别关注滚动算法及其变形。最后，在附录中我们概述了牛顿法的收敛理论，并解释了该理
论如何应用于不可微不动点问题，如在动态规划中贝尔曼方程的解。

第 2 章　确定性和随机的动态规划

在这一章我们将描述在无限时段上最优控制的经典框架。在第 3 章中介绍更抽象的动态规划框架时，本章所讨论的问题将作为一个主要的例子。这一抽象框架将反过来作为我们对值空间近似、多步前瞻、控制器稳定性、截断滚动和策略迭代相关的分析和算法可视化的起点。注意有限时段问题可转化为本章的无限时段形式，正如将在第 6 章中讨论的那样。

2.1 无限时段上的最优控制

考虑无限时段上的随机最优控制问题（见图 2.1.1）。

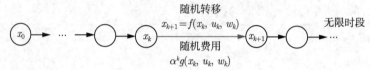

图 2.1.1 无限时段问题示意图。除了使用折扣因子 α，系统及每阶段费用是平稳的。若 $\alpha = 1$，通常存在我们希望达到的特殊的无费用末端状态。

我们有如下形式的平稳系统

$$x_{k+1} = f(x_k, u_k, w_k), k = 0, 1, \cdots$$

其中，x_k 是状态空间 X 中的一个元素，控制 u_k 是控制空间 U 中的一个元素；见图 2.1.1。系统包括随机的"扰动" w_k，其取值于某个空间 W，概率分布是 $P(\cdot|x_k, u_k)$ 且可能显式地依赖于 x_k 和 u_k，但是不依赖于之前扰动 $w_{k-1}, w_{k-2}, \cdots, w_0$ 的取值。[①]控制 u_k 被约束为从给定的子集 $U(x_k) \subset U$ 中取值，这依赖于当前的状态 x_k。我们感兴趣的是策略 $\pi = \{\mu_0, \mu_1, \cdots\}$，其中每个函数 μ_k 将状态映射成控制，且对所有的 k 满足 $\mu_k(x_k) \in U(x_k)$。形式为 $\{\mu, \mu, \cdots\}$ 的平稳策略也被称为"策略 μ"。我们对状态、控制和扰动没有假设，事实上对本书绝大部分的讨论而言，这些空间可以是任意的。

我们旨在最小化无限阶段上的总期望费用，如下

$$J_\pi(x_0) = \lim_{N \to \infty} E\left\{ \sum_{k=0}^{N-1} \alpha^k g(x_k, \mu_k(x_k), w_k) \right\} \tag{2.1}$$

其中，$\alpha^k g(x_k, u_k, w_k)$ 是阶段 k 的费用，$\alpha \in (0, 1]$ 是折扣因子。如果 $\alpha = 1$ 我们称该问题为无折扣的。式 (2.1) 中的期望值相对于随机扰动 $w_k, k = 0, 1, \cdots$。这里，$J_\pi(x_0)$ 表示与初始状态 x_0 和策略 $\pi = \{\mu_0, \mu_1, \cdots\}$ 相关的费用。平稳策略 μ 的费用函数记为 J_μ。从状态 x 开始的最优费用 $\inf_\pi J_\pi(x)$ 记为 $J^*(x)$，函数 J^* 被称为最优费用函数。

让我们考虑一些特殊的情形，这些将是本书主要的兴趣所在。

（a）随机最短路问题（简称为 SSP）。这里，$\alpha = 1$ 但是存在一个特殊的免费的终止状态，记为 t；一旦系统到达 t，将免费地保持在那里。通常，终止状态 t 表示一个我们尝试以最小费用到达的目标状态；这些是每阶段费用非负的问题，这将是本书主要感兴趣的问

---

① 我们假设读者具有关于概率的初步的背景知识。与本书一致的概率知识，可以参阅 Bertsekas 和 Tsitsiklis 的书 [BeT08]。

题类型。在一些其他类型的问题中, t 是我们尽可能尝试回避的状态; 这些是每阶段费用非正的问题, 将不在本书中专门讨论。

（b）折扣随机问题。这里, $\alpha < 1$ 且未必存在终止状态。然而, 在 SSP 和折扣问题之间存在显著的联系。除去这两种问题都是无限时段总费用优化问题之外, 折扣问题可以转化为一个 SSP 问题。这可以通过引入人工终止状态来实现, 在每个状态和阶段, 系统以 $1 - \alpha$ 的概率移动到这个状态, 所以终止是不可避免的。所以 SSP 和折扣问题的相关理论具有定性的相似。

（c）确定性非负费用问题。这里, 扰动 w_k 取单个已知值。等价地, 在系统方程和费用表达式中没有扰动, 其形式分别为

$$x_{k+1} = f(x_k, u_k), k = 0, 1, \cdots \tag{2.2}$$

和

$$J_\pi(x_0) = \lim_{N \to \infty} \sum_{k=0}^{N-1} \alpha^k g(x_k, \mu_k(x_k)) \tag{2.3}$$

我们进一步假设存在一个免费的吸收终止态 t, 于是有

$$g(x, u) \geqslant 0, \forall x \neq t, u \in U(x) \tag{2.4}$$

且对所有的 $u \in U(t)$ 有 $g(t, u) = 0$。这类结构表达了以最小费用达到或者接近 t, 这是一个经典的控制问题。该问题的无折扣版本的深入分析已经在作者的论文 [Ber17b] 中给出了。

一个重要的特殊情形是有限状态确定性问题。这些问题的有限时段版本包括有挑战性的离散优化问题, 对其精确求解在实际中不可能做到。将这样的问题转化为无限时段 SSP 问题是可能的, 于是这里建立的概念框架可以适用（见第 6 章）。用强化学习方法特别是通过滚动获得的离散优化问题的近似解, 已经在 [Ber19a] 和 [Ber20a] 等书中深入讨论了。

另一种重要的确定性非负费用问题是经典的连续空间问题, 其中系统是线性的, 没有控制约束, 且费用函数是二次型, 见下面的例子。我们之后将经常回到这个问题及其推广。

例 2.1.1（线性二次型问题）

假设系统是如下的线性形式

$$x_{k+1} = Ax_k + Bu_k \tag{2.5}$$

其中, x_k 和 u_k 分别是欧氏空间 $\Re^n$ 和 $\Re^m$ 的元素, A 是 $n \times n$ 的矩阵, B 是 $n \times m$ 的矩阵。我们假设没有控制约束。每阶段的费用是二次型的, 形式为

$$g(x, u) = x'Qx + u'Ru \tag{2.6}$$

其中, Q 和 R 分别是 $n \times n$ 和 $m \times m$ 的正定对称阵（本书中所有有限维的向量被视作列向量, "'"表示转置）。众所周知这一问题具有良好的解析解, 我们稍后将讨论, 之后将展示例子和反例（见 [Ber17a]3.1 节）。

无限时段方法论

与无限时段问题的分析和计算相关的许多问题围绕着最优费用函数 J^* 和与之对应的 $N-$ 阶段问题的最优费用函数之间的关系。特别地，令 $J_N(x)$ 为涉及 N 个阶段、初始状态为 x、每阶段费用为 $g(x, u, w)$、零末端费用问题的最优费用。这一费用通过值迭代算法（简称为 VI）从 $J_0(x) \equiv 0$ 开始的第 N 次迭代产生（见第 6 章）

$$J_{k+1}(x) = \min_{u \in U(x)} E\left\{ g(x, u, w) + \alpha J_k\left(f(x, u, w)\right) \right\}, k = 0, 1, \cdots \qquad (2.7)$$

自然可以推测出如下的三条基本性质：①

（1）对所有的状态 x，最优无限时段费用是对应的 $N-$ 阶段最优费用当 $N \to \infty$ 时的极限：

$$J^*(x) = \lim_{N \to \infty} J_N(x) \qquad (2.8)$$

（2）贝尔曼方程成立：

$$J^*(x) = \min_{u \in U(x)} E\left\{ g(x, u, w) + \alpha J^*\left(f(x, u, w)\right) \right\}, \forall x \qquad (2.9)$$

假设上述性质（1）成立且保证对所有的 x 有 $J_k(x) \to J^*(x)$，则该方程可以被视作式 (2.7) 的值迭代算法当 $k \to \infty$ 时的极限。对每个平稳策略 μ 也有一个贝尔曼方程，给定如下

$$J_\mu(x) = E\left\{ g\left(x, \mu(x), w\right) + \alpha J_\mu\left(f\left(x, \mu(x), w\right)\right) \right\}, \forall x \qquad (2.10)$$

其中，J_μ 是 μ 的费用函数。我们可以将式 (2.9) 视作一个不同问题的贝尔曼方程，其中对每个 x，控制约束集 $U(x)$ 仅包含一个控制，即 $\mu(x)$。

（3）如果 $\mu(x)$ 对每个 x 都能达到式 (2.9) 贝尔曼方程右侧的最小值，那么平稳策略 μ 应当是最优的。

只要在 (x, u, w) 的所有可能取值构成的集合上每阶段的期望费用 $E\{g(x, u, w)\}$ 有界，那么上述三条结论对折扣问题均成立（见动态规划书 [Ber12] 第 1 章）。它们也在合理的假设条件下对有限状态 SSP 问题成立。对于状态空间和控制空间可能无限大的确定性问题，存在相当多的分析给出了上述（1）～（3）的结论成立所需要的假设条件（见 [Ber12]）。

值迭代算法通常也是可行的，即，即使初始函数 J_0 非零也有 $J_k \to J^*$。选择不同的 J_0 是为了更快地收敛到 J^*；通常当 J_0 选择得更接近 J^* 时，收敛得越快。式 (2.9) 的贝尔曼方程的直观解释是：假设 $J_k \to J^*$，式 (2.9) 是式 (2.7) 的值迭代算法当 $k \to \infty$ 时的极限，最优性条件 (3) 表明最优和近优策略可以在平稳策略中获得，由于这一点在本书所讨论的问题中通常都成立，所以在后续行文中将隐含地假设这一点成立。

在值迭代算法之外，另一个重要的算法是策略迭代（简称为 PI），这将在 3.3 节中讨论。PI 比 VI 快许多，在实际中通常只需要少量迭代，且迭代次数与问题的大小无关。一种解释是 PI 可以被视作求解贝尔曼方程的牛顿法，将在 3.3 节中介绍。PI 与牛顿法的这一联系可以推广到 PI 的近似形式，而且是本书的核心。

---

① 在本书中我们将使用 "min" 而不是更正式的 "inf"，尽管我们不确定最小值是否总是可以达到。

式 (2.2)~ 式 (2.4) 的无折扣问题存在一种特殊情形，其中终止状态 t 是吸收态且免费，在所有其他状态上费用函数都是严格正的（与式 (2.4) 相同），目标是达到或者渐近地接近终止状态。作者的论文 [Ber17b] 以及抽象动态规划一书 [Ber22a] 详细分析了这一情形。对于一般的状态和控制空间情形（连续的、离散的，或者二者的混合），这一分析涵盖了之前的四条性质，以及 PI 的收敛问题。它描述了保证有用性质成立所需要的条件。

例 2.1.2（线性二次型问题——续）

再次考虑式 (2.5) 和式 (2.6) 定义的线性二次型问题。贝尔曼方程给定如下

$$J(x) = \min_{u \in \Re^m} \{x'Qx + u'Ru + J(Ax + Bu)\} \tag{2.11}$$

结果在如下形式的二次函数空间中具有唯一解

$$J(x) = x'Kx \tag{2.12}$$

其中，K 是一个半正定对称阵 [假设 Q 和 R 正定，且式 (2.5) 的系统可控；见 [Ber17a]3.1 节]。可证明上述唯一解是该问题的最优费用函数，形式如下

$$J^*(x) = x'K^*x \tag{2.13}$$

可以通过求解矩阵方程

$$K = F(K) \tag{2.14}$$

获得 K^*，其中 $F(K)$ 通过

$$F(K) = A'\left(K - KB\left(B'KB + R\right)^{-1}B'K\right)A + Q \tag{2.15}$$

定义在对称矩阵 K 之上。

用式 (2.13) 的最优费用函数 J^* 替换 J，可以通过在式 (2.11) 的贝尔曼方程中进行最小化获得最优策略。可以验证它是如下的线性形式

$$\mu^*(x) = Lx$$

其中，L 是如下矩阵

$$L = -(B'K^*B + R)^{-1}B'K^*A$$

已知 VI 和 PI 算法对我们的线性二次型问题具有良好的性质。特别地，VI 算法可以在半正定对称阵空间中执行。VI 算法 $J_{k+1} = TJ_k$（其中 J_k 的形式为 $J_k(x) = x'K_kx$），对所有的 x，获得

$$J_{k+1}(x) = x'K_{k+1}x \text{ 满足 } K_{k+1} = F(K_k) \tag{2.16}$$

其中，F 由式 (2.15) 给定。可以证明在之前提到的假设条件下，从任何半正定对称矩阵 K_0 出发 $\{K_k\}$ 序列收敛到最优矩阵 K^*。（在相同的假设条件之下）PI 算法也具有良好的收敛性质，它与牛顿法的联系将稍后讨论。

上述结论是众所周知的，且它们的证明在基本控制理论教材中都可以找到，包括作者的动态规划书 [Ber17a] 第 3 章和 [Ber12] 第 4 章。[①]方程 $K = F(K)$ 被称为黎卡提方程。[②]这可以被视作限制到式 (2.12) 形式的二次型函数子空间上的贝尔曼方程。注意，可证明黎卡提方程拥有 K^* 以外的解（当然不是正定对称的）。稍后将给出示例。

2.2　值空间近似

J^* 通常难以精确计算。解决此问题最主要的强化学习方法是值空间近似。这里，我们用近似值 $\tilde{J}$ 替代 J^*，并在任意状态 x 之下，通过单步前瞻最小化生成控制 $\tilde{\mu}(x)$

$$\tilde{\mu}(x) \in \arg \min_{u \in U(x)} E\left\{g(x,u,w) + \alpha \tilde{J}(f(x,u,w))\right\} \tag{2.17}$$

（我们隐含地假设上述最小化在所有的 x 均可达到）。[③]这一最小化获得平稳策略 $\{\tilde{\mu}, \tilde{\mu}, \cdots\}$，以及记为 $J_{\tilde{\mu}}$ 的费用函数 [即，$J_{\tilde{\mu}}$ 是从状态 x 开始使用 $\tilde{\mu}$ 获得的无限时段总折扣费用]。在下一节，从 $\tilde{J}$ 到 $J_{\tilde{\mu}}$ 的变化将被解释为求解贝尔曼方程的牛顿法的一步。此外还有，这意味着 $J_{\tilde{\mu}}$ 接近 J^* 且对所有状态 x 遵循超线性的收敛关系

$$\lim_{\tilde{J} \to J^*} \frac{J_{\tilde{\mu}}(x) - J^*(x)}{\tilde{J}(x) - J^*(x)} = 0$$

对于特定类型的问题，这一关系式代表了可在恰当条件下成立的具有重要意义的结论。这与在数值分析中使用牛顿法类似，在那里该方法的全局或者局部收敛性仅在某些条件之下方可保证。然而，正如下面将讨论的，在近似动态规划的行文中，存在一种重要的内在结构，即贝尔曼方程的单调性和凹性，这一性质有利于且增强了牛顿法的收敛性质。

尽管希望在某种意义下 $J_{\tilde{\mu}}$ 接近 J^*，对于涉及控制到目标状态的经典控制问题（例如，终止状态为吸收态且免费，所有其他状态的费用为正的问题），$\tilde{\mu}$ 的稳定性可能是主要的目标。对于本书的目的，我们将集中注意力仅关注这一类问题的稳定性，若 $J_{\tilde{\mu}}$ 是实值的，我们将认为策略 $\tilde{\mu}$ 是稳定的，即

$$J_{\tilde{\mu}}(x) < \infty, \ \forall x \in X$$

如何选择 $\tilde{J}$ 让 $\tilde{\mu}$ 稳定是广受关注的问题，将在第 3 章处理。

l 步前瞻

对单步前瞻最小化的一种重要推广是 l 步前瞻，其中在状态 x_k 我们用函数 $\tilde{J}$ 近似未来费用并最小化开始的 $l > 1$ 个阶段的费用（见图 2.2.1）。这一最小化获得控制 $\tilde{u}_k$ 和序列

---

① 事实上，之前的公式即使当 Q 的正定性假设替换为其他更弱的条件时也成立（见 [Ber17a]3.1 节）。我们不介绍这些细节，但是正如稍后将在第 4 章用例子展示的那样，应注意到需要一些关于 Q 的条件方可让之前的结论成立。

② 这是黎卡提微分方程的代数形式，其一维形式由 Jacopo Riccati 在 18 世纪通过计数发明，在控制理论中扮演了重要角色。其微分和差分矩阵形式已经被深入地研究了；见 Lancaster 和 Rodman 的书 [LaR95]，以及 Bittanti、Laub 和 Willems 的论文集 [BLW91]，其中也包含了 Bittanti 对黎卡提辉煌一生和成就的历史的回顾。

③ 注意抽象动态规划的通用理论采用了拓展的实值函数，且没有用到最小值可被达到的假设条件；见 [Ber22a]。

$\tilde{\mu}_{k+1}, \tilde{\mu}_{k+2}, \cdots, \tilde{\mu}_{k+l-1}$。控制 $\tilde{u}_k$ 施加于 x_k，用 $\tilde{\mu}(x_k) = \tilde{u}_k$ 定义 l 步前瞻策略 $\tilde{\mu}$。丢弃序列 $\tilde{\mu}_{k+1}, \tilde{\mu}_{k+2}, \cdots, \tilde{\mu}_{k+l-1}$。实际上，我们可以将 l 步前瞻最小化视作单步前瞻最小化的一种特例，其中前瞻函数是一个 $(l-1)$ 阶段动态规划问题的最优费用函数，其在 $l-1$ 阶段后获得的状态 x_{k+l} 的末端费用为 $\tilde{J}(x_{k+l})$。在下一章，这将被解释为从函数 $\hat{J}$ 开始求解贝尔曼方程的牛顿法的一步，$\hat{J}$ 是 $\tilde{J}$ 的一种"改进"。特别地，从 $\tilde{J}$ 开始通过连续使用 $l-1$ 次值迭代获得 $\hat{J}$。

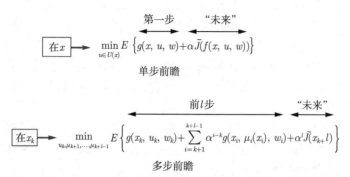

图 2.2.1 采用单步和 l 步前瞻最小化的值空间近似的原理图。在前一种情形中，最小化在状态 x 获得控制 $\tilde{u}$，并通过 $\tilde{\mu}(x) = \tilde{u}$ 定义了单步前瞻策略 $\tilde{\mu}$。在后一种情形中，最小化获得控制 $\tilde{u}_k$ 和序列 $\tilde{\mu}_{k+1}, \tilde{\mu}_{k+2}, \cdots, \tilde{\mu}_{k+l-1}$。控制 $\tilde{u}_k$ 施加于 x_k，并通过 $\tilde{\mu}(x_k) = \tilde{u}_k$ 定义了 l 步前瞻策略。序列 $\tilde{\mu}_{k+1}, \tilde{\mu}_{k+2}, \cdots, \tilde{\mu}_{k+l-1}$ 被丢弃。

采用 l 步前瞻最小化的动机是通过增大 l 的取值，我们也许可以用不太精确的近似 $\tilde{J}$ 获得好的性能。换言之，对于同样的费用函数近似质量，随着 l 变大可以获得更好的性能。这将在下一节用可视化的方式解释，在 [Ber19a]、[Ber20a] 等书中给出的误差界也支持这一点。特别地，对于阿尔法零国际象棋，长程多步前瞻对于良好的在线性能是至关重要的。采用多步前瞻的另一动机是提升所生成的在线策略的稳定性。此外，求解多步前瞻优化问题，而非式 (2.17) 的单步前瞻形式，需要耗费更多的时间。

构建末端费用的近似

值空间近似的一个主要问题是如何构建合适的近似费用函数 $\tilde{J}$。这可以通过多种不同的方式完成，引出了一些主要的强化学习方法。例如，在第 1 章所讨论的与国际象棋和西洋双陆棋相关的方法，$\tilde{J}$ 可以通过复杂的离线训练方法构造出来。另一种方式，近似值 $\tilde{J}(x)$ 在需要时在线地通过截断滚动获得，即从 x 开始用离线获得的策略运行大量步数，并附上合适的末端费用近似。尽管获得 $\tilde{J}$ 的方法对于理解本书的思想并不重要，出于展示的目的，我们简要描述四大类近似方法，并推荐阅读强化学习和近似动态规划文献以了解更多的细节。

（a）问题近似，这里函数 $\tilde{J}$ 作为一个更易于计算的化简之后的优化问题的最优或者近优费用函数而获得。化简可以包括利用可分结构、状态空间压缩、忽略不同类型的不确定性。例如，可以考虑使用相关的确定性问题的费用函数作为 $\tilde{J}$，该问题通过某种形式的"确定性等价"获得，于是允许通过基于梯度的最优控制方法或者最短路类型的方法计算 $\tilde{J}$。

一种主要的问题近似方法是集结，这在 [Ber12]、[Ber19a] 等书中以及 [Ber18b]、[Ber18c]

等论文中描述并分析了。集结提供了一种系统化的过程，通过将状态分成数量相对更少的子集（称为集结状态），来简化问题。通过精确动态规划方法（可能使用仿真）计算出集结问题的最优费用函数。然后用某种形式的插值，为原问题的最优费用函数 J^* 提供一种近似 $\tilde{J}$。

（b）在线仿真，如同在滚动算法中，其中我们在需要时使用次优策略 μ 在线地计算出 $J_\mu(x)$ 的精确值或者近似值 $\tilde{J}(x)$。策略 μ 可以用任意方法获得，例如，基于启发式规则推理，或者基于更加有原则的方法通过离线训练获得，比如近似策略迭代或者在策略空间的近似。注意，尽管仿真耗费时间，但很适合使用并行计算。这对于滚动算法的实际实现可能是一个重要的考虑因素，特别是对于随机问题。

（c）在线近似优化，如模型预测控制（MPC），这将在后文中详细讨论。这一方法涉及求解恰当构造出的原问题的 l 步版本。这可以被视作采用 l 步前瞻的值空间近似，或者某种形式的滚动算法。

（d）参数化费用近似，其中 $\tilde{J}$ 从给定的参数化函数族 $J(x, r)$ 中获得，r 是由合适的算法选出的参数向量。参数类型通常涉及 x 的主要特点，称为特征，这可以通过洞察手上的问题或者使用训练数据以及某种形式的神经网络获得。

我们推荐阅读 Bertsekas 和 Tsitsiklis 的神经动态规划一书 [BeT96]、Sutton 和 Barto 的强化学习一书 [SuB18]，以及大量后续的强化学习和近似动态规划书籍，其中提供了费用函数近似方法和相关的训练算法的特定例子。

还需要提及的是，对于具有特殊结构的问题，末端费用近似可以选成让式 (2.17) 的单步前瞻最小化便于实现的形式。事实上，在有利的情形下，可以通过闭式计算完成前瞻最小化。例如，控制信号以线性形式出现在系统方程中、以二次型形式出现在费用函数中，且末端费用近似选为二次型形式。

从离线训练到在线对弈

通常离线训练只产生一个费用近似（正如在时序差分西洋双陆棋程序中的情形），或者只产生一个策略（例如在一些策略空间近似、策略梯度方法中），或者两者均有（正如在阿尔法零的情形中）。我们已经在这一章讨论了单步前瞻和多步前瞻机制，用 $\tilde{J}$ 在值空间实现在线近似；参见图 2.2.1。现在让我们考虑一些额外的可能性，其中一些涉及使用已经离线获得的策略 μ（可能还使用末端费用近似）。一些主要的可能性如下。

（a）给定已经离线获得的策略 μ，我们可以将该策略的费用函数 J_μ 作为末端费用近似 $\tilde{J}$。这需要策略评价的操作，可以在线完成，通过只计算对于单步前瞻的情形所需要的如下的值 [见式 (2.17)]

$$E\{J_\mu(f(x_k, u_k, w_k))\}$$

或者对于 l 步前瞻的情形所需要的如下值

$$E\{J_\mu(x_{x+l})\}$$

这是最简单形式的滚动，而且只需要离线构造策略 μ。

（b）给定已经离线获得的末端费用近似 $\tilde{J}$，我们可以在线用它计算单步或者多步前瞻策略 $\tilde{\mu}$。这一策略然后可以用于滚动，正如在上面（a）中那样。在这一机制的变形中，我

们也可以用 $\tilde{J}$ 进行截断滚动来近似滚动过程的尾部（这里的一个例子是在 1.2 节中讨论的基于滚动的时序差分西洋双陆棋程序）。

（c）给定策略 μ 和末端费用近似 $\tilde{J}$，我们可以在截断滚动机制中同时使用它们，其中采用 μ 的滚动的尾部使用费用近似 $\tilde{J}$ 进行近似。这与在上面（b）中提到的截断滚动机制类似，除了一点，即策略 μ 是离线计算出来的而不是在线用 $\tilde{J}$ 以及单步或者多步前瞻计算出来的，如同在（b）中那样。

前述三种可能性是在在线对弈机制中使用离线训练结果的主要方式。自然存在一些变形，其中离线计算出额外的信息以助于加速在线对弈算法。作为一个例子，在模型预测控制中，在末端费用近似之外，可能需要离线计算出目标管道以保证某些状态约束可以被在线满足，见 5.2 节的讨论。其他这类例子将在特定的应用中提到。

2.3　注释与参考文献

因为本书的关注点是近似动态规划和强化学习，所以本章仅简要讨论了精确动态规划。作者的动态规划教材 [Ber12]、[Ber17a] 详细讨论了有限和无限时段精确动态规划及其在离散和连续空间问题上的应用，其中的符号体系与本书一致。作者的论文 [Ber17b] 关注确定性非负费用无限时段问题，并且提供了值迭代和策略迭代算法的收敛性分析。

第 3 章　强化学习的抽象视角

本章将用几何构造来洞察贝尔曼方程、值迭代算法、策略迭代算法、值空间近似以及对应的单步或者多步前瞻策略 $\tilde{\mu}$ 的一些性质。为了理解这些构造，我们需要使用贝尔曼方程中涉及的算子的抽象符号框架。

3.1　贝尔曼算子

我们用 TJ 标记出现在贝尔曼方程右侧的 x 的函数，其在状态 x 的取值给定如下

$$(TJ)(x) = \min_{u \in U(x)} E\left\{g(x, u, w) + \alpha J(f(x, u, w))\right\}, \forall x \tag{3.1}$$

对每个策略 μ，引入对应的函数 $T_\mu J$，其在 x 的取值给定如下

$$(T_\mu J)(x) = E\left\{g(x, \mu(x), w) + \alpha J(f(x, \mu(x), w))\right\}, \forall x \tag{3.2}$$

所以 T 和 T_μ 可以被视作算子（宽泛地称为贝尔曼算子），将函数 J 映射成其他的函数（分别是 TJ 或者 $T_\mu J$）。[①]

算子 T 和 T_μ 的一个重要性质是单调性，意思是：如果 J 和 J' 是 x 的两个函数且满足

$$J(x) \geqslant J'(x), \forall x$$

则有

$$(TJ)(x) \geqslant (TJ')(x), (T_\mu J)(x) \geqslant (T_\mu J')(x), \forall x \text{和} \mu \tag{3.3}$$

在式 (3.1) 和式 (3.2) 中 J 的取值与非负数相乘，于是式 (3.3) 的单调性是显而易见的。

另一个重要的性质是贝尔曼算子 T_μ 是线性的，即其具有 $T_\mu J = G + A_\mu J$ 的形式，其中 $G \in R(X)$ 是某个函数，$A_\mu : R(X) \mapsto R(X)$ 是一个算子且满足对任意函数 J_1，J_2 和标量 γ_1，γ_2，我们有[②]

$$A_\mu(\gamma_1 J_1 + \gamma_2 J_2) = \gamma_1 A_\mu J_1 + \gamma_2 A_\mu J_2$$

进一步，从式 (3.1) 和式 (3.2) 的定义，我们有

$$(TJ)(x) = \min_{\mu \in \mathcal{M}} (T_\mu J)(x), \forall x$$

其中 $\mathcal{M}$ 是平稳策略构成的集合。因为对任意策略 μ，对应于两个不同状态 x 和 x' 的控制 $\mu(x)$ 和 $\mu(x')$ 之间没有耦合约束，于是上式成立。于是有对每个 $x (TJ)(x)$ 是 J 的凹函数（线性函数的逐点最小化是凹函数）。这对于将单步和多步前瞻最小化解释为求解贝尔曼方程 $J = TJ$ 的牛顿迭代是很重要的。

---

① 在本书中，T 和 T_μ 运算的函数 J 是 x 的实值函数，记为 $J \in R(X)$。我们将自始至终假设当 J 是实值时，式 (3.1) 和式 (3.2) 中的期望值定义良好且有限。这意味着 $T_\mu J$ 也将是 x 的实值函数。另一方面因为式 (3.1) 中的最小化，所以 $(TJ)(x)$ 可能取值 $-\infty$。我们允许这一可能性，尽管我们的解释将主要描述当 TJ 为实值的情形。注意抽象动态规划的一般性理论采用拓展的实值函数；见 [Ber22a]。

② 具有这一性质的算子 T_μ 通常被称为"仿射"，但是在本书中我们只是称其为"线性"。我们也使用简化的符号来表示逐点的等式和不等式，这样我们用 $J = J'$ 或者 $J \geqslant J'$ 来分别表示 $J(x) = J'(x)$ 或者 $J(x) \geqslant J'(x)$ 对所有的 x 成立。

例 3.1.1（一个包括两个状态和两个控制的例子）

假设存在两个状态 1 和 2，两个控制 u 和 v。考虑策略 μ，在状态 1 施加控制 u，在状态 2 施加控制 v。那么算子 T_μ 的形式为

$$(T_\mu J)(1) = \sum_{y=1}^{2} p_{1y}(u)\left(g(1,u,y) + \alpha J(y)\right) \tag{3.4}$$

$$(T_\mu J)(2) = \sum_{y=1}^{2} p_{2y}(v)\left(g(2,v,y) + \alpha J(y)\right) \tag{3.5}$$

其中 $p_{xy}(u)$ 和 $p_{xy}(v)$ 分别是当前状态为 x 且控制为 u 或者 v 时下一个状态是 y 的概率。显然，$(T_\mu J)(1)$ 和 $(T_\mu J)(2)$ 是 J 的线性函数。贝尔曼方程 $J = TJ$ 的算子 T 的形式为

$$(TJ)(1) = \min\left[\sum_{y=1}^{2} p_{1y}(u)\left(g(1,u,y) + \alpha J(y)\right),\right.$$
$$\left.\sum_{y=1}^{2} p_{1y}(v)\left(g(1,v,y) + \alpha J(y)\right)\right] \tag{3.6}$$

$$(TJ)(2) = \min\left[\sum_{y=1}^{2} p_{2y}(u)\left(g(2,u,y) + \alpha J(y)\right),\right.$$
$$\left.\sum_{y=1}^{2} p_{2y}(v)\left(g(2,v,y) + \alpha J(y)\right)\right] \tag{3.7}$$

于是，$(TJ)(1)$ 和 $(TJ)(2)$ 是两维向量 J 的凹的分片线性函数（线性片数有两片；更一般地，与控制的数量一样多）。这一凹性一般性地成立，因为 $(TJ)(x)$ 是 J 的线性函数集合中的最小值，每个对应于一个 $u \in U(x)$。图 3.1.1 展示了 $\mu(1) = u$ 且 $\mu(1) = v$ 情形下的 $(T_\mu J)(1)$，$\mu(2) = u$ 且 $\mu(2) = v$ 情形下的 $(T_\mu J)(2)$，$(TJ)(1)$ 和 $(TJ)(2)$ 作为 $J = (J(1), J(2))$ 的函数。

从动态规划的视角至关重要的性质是 T 和 T_μ 是否存在不动点；等价地，贝尔曼方程 $J = TJ$ 和 $J = T_\mu J$ 是否在实值函数类中有解，以及解集是否分别包括 J^* 和 J_μ。于是验证 T 或者 T_μ 是压缩映射是重要的。这对于每阶段费用分别有界的折扣问题的良好情形成立。然而，对于无折扣问题，确定 T 或者 T_μ 的压缩性质可能要复杂许多，甚至不可能；抽象动态规划书 [Ber22a] 详细处理了这类问题，以及关于贝尔曼方程的解集的有关问题。

几何解释

我们将用几何的方式解释贝尔曼算子，从 T_μ 开始。图 3.1.2 展示了其形式。这里注意函数 J 和 $T_\mu J$ 是多维的。它们分别拥有与状态 x 的数量一样多的标量成员 $J(x)$ 和 $(T_\mu J)(x)$，但是它们只能被投影到一维来展示。对每个策略 μ，函数 $T_\mu J$ 是线性的。费用函数 J_μ 满足 $J_\mu = T_\mu J_\mu$，所以当 J_μ 是实值时，从 $T_\mu J$ 的图和 45 度线的交集中可得 J_μ。稍后，我们将 J_μ 非实值的情形解释为系统在 μ 之下缺乏稳定性 [我们对某些初始状态 x 有 $J_\mu(x) = \infty$]。

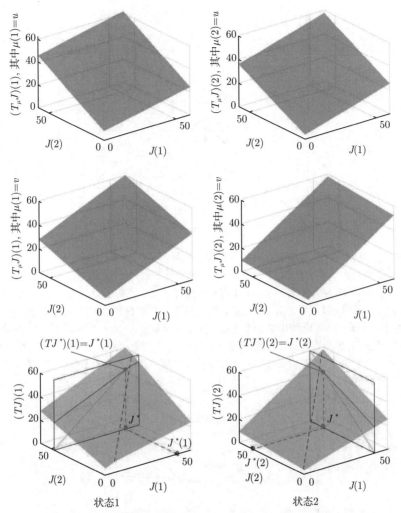

图 3.1.1 例 3.1.1 中状态 1 和 2 的贝尔曼算子 T_μ 和 T 的几何图示；参见式 (3.4)～ 式 (3.7)。问题的转移概率是：$p_{11}(u) = 0.3, p_{12}(u) = 0.7, p_{21}(u) = 0.4, p_{22}(u) = 0.6, p_{11}(v) = 0.6, p_{12}(v) = 0.4, p_{21}(v) = 0.9, p_{22}(v) = 0.1$。各阶段费用为 $g(1, u, 1) = 3, g(1, u, 2) = 10, g(2, u, 1) = 0, g(2, u, 2) = 6, g(1, v, 1) = 7, g(1, v, 2) = 5, g(2, v, 1) = 3, g(2, v, 2) = 12$。折扣因子是 $\alpha = 0.9$，最优费用是 $J^*(1) = 50.59$ 和 $J^*(2) = 47.41$。最优策略是 $\mu^*(1) = v$ 和 $\mu^*(2) = u$。图中也展示了与 $J(1)$ 和 $J(2)$ 轴平行且经过 J^* 的 T 的两个一维切片。

贝尔曼算子 T 的形式示于图 3.1.3 中。再次说明，函数 J, J^*, TJ, $T_\mu J$ 等是多维的，但是它们被投影到一维之上（即所展示的是这些函数在特定系统上的情形，该系统有单个状态且可能还有一个终止状态）。贝尔曼方程 $J = TJ$ 可能有一个或者许多实值解。它可能在特殊的情形之下没有实值解，正如我们将稍后讨论的那样（见 3.8 节）。图中假设贝尔曼方程 $J = TJ$ 和 $J = T_\mu J$ 有唯一实值解，如果 T 和 T_μ 是压缩映射的话这是成立的，正如对于每阶段费用有界的折扣问题那样。否则，这些方程可能在实值函数中没有解或者有多个解（见 3.8 节）。方程 $J = TJ$ 通常以 J^* 为解，但是在 $\alpha = 1$ 或者 $\alpha < 1$ 且每阶段费用无界的情形下拥有多于一个解。

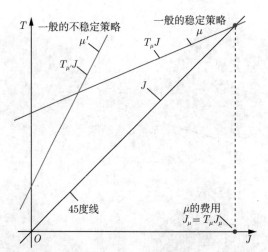

图 3.1.2　线性贝尔曼算子 T_μ 及对应的贝尔曼方程的几何解释。T_μ 的图是在 $R(X) \times R(X)$ 空间中的平面，并且当投影到对应于单个状态且经过 J_μ 的一维空间的时候，它变成了一条线。那么存在三种情形：（a）线的坡度小于 45 度，于是与 45 度线有唯一交点，该交点等于 J_μ，为贝尔曼方程 $J = T_\mu J$ 的解。如果 T_μ 是一个压缩映射，那么这是成立的，与在每阶段费用有界的折扣问题的情形中一样。（b）线的坡度大于 45 度。于是与 45 度线相交于唯一一点，这是贝尔曼方程 $J = T_\mu J$ 的解，但不等于 J_μ。那么 J_μ 不是实值的；我们在 3.2 节中称这样的 μ 是不稳定的。（c）线的坡度正好等于 45 度。这是一种特殊的情形，其中贝尔曼方程 $J = T_\mu J$ 要么拥有无穷多的实值解，要么根本没有实值解；我们将在 3.8 节中提供出现这种情形的例子。

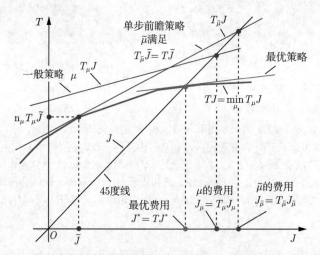

图 3.1.3　贝尔曼算子 T 和对应的贝尔曼方程的几何解释。对于固定的 x，函数 $(TJ)(x)$ 可以写成 $\min_\mu (T_\mu J)(x)$，所以它是 J 的凹函数。最优费用函数 J^* 满足 $J^* = TJ^*$，所以它是从 TJ 的图与所示的 45 度线的交集产生的，假设 J^* 是实值的。

　　注意 T 的图位于每个算子 T_μ 的图之下，而且事实上随着 μ 在策略集合 $\mathcal{M}$ 上变化取值时 T 的图是 T_μ 的图的下包络线。特别地，对于任意给定的函数 $\tilde{J}$，对于每个 x，值 $(T\tilde{J})(x)$ 通过找到凹函数 $(TJ)(x)$ 的图在 $J = \tilde{J}$ 的支撑超平面/次梯度从而获得，正如在图中所示。这一支撑超平面由在 μ 上达到 $(T_\mu \tilde{J})(x)$ 最小值的策略 $\tilde{\mu}$ 的控制 $\mu(x)$ 而定义

$$\tilde{\mu}(x) \in \arg\min_{\mu \in \mathcal{M}} (T_\mu \tilde{J})(x)$$

（可能存在多个策略达到这一最小值，从而定义多个支撑超平面）。

例 3.1.2 （一个有两个状态和无限控制的问题）

让我们考虑对于一个涉及两个状态 1 和 2，但是无限多控制的问题的映射 T。特别地，两个状态的控制空间都是单位区间，$U(1) = U(2) = [0, 1]$。这里 $(TJ)(1)$ 和 $(TJ)(2)$ 给定如下

$$(TJ)(1) = \min_{u \in [0,1]} \left\{ g_1 + r_{11}u^2 + r_{12}(1-u)^2 + \alpha u J(1) + \alpha(1-u)J(2) \right\}$$

$$(TJ)(2) = \min_{u \in [0,1]} \left\{ g_2 + r_{21}u^2 + r_{22}(1-u)^2 + \alpha u J(1) + \alpha(1-u)J(2) \right\}$$

在每个状态 $x = 1, 2$，控制 u 的含义是我们在那个状态必须选择的概率。特别地，我们控制移动到状态 $y = 1$ 和 $y = 2$ 的概率 u 和 $(1 - u)$，对应的控制费用分别是 u 和 $(1 - u)$ 的二次型形式。对于这个问题，$(TJ)(1)$ 和 $(TJ)(2)$ 可以闭式计算，所以易于绘制和理解。它们是分片二次的，与图 3.1.1 中分片线性的图示不同，见图 3.1.4。

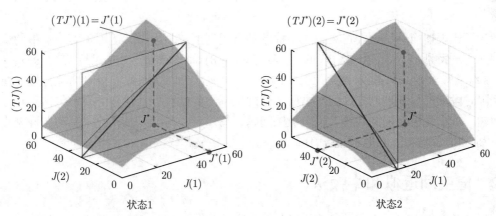

图 3.1.4　例 3.1.2 的状态 1 和 2 的贝尔曼算子 T 的示意图。参数取值是 $g_1 = 5, g_2 = 3, r_{11} = 3, r_{12} = 15, r_{21} = 9, r_{22} = 1$，折扣因子是 $\alpha = 0.9$。最优费用是 $J^*(1) = 49.7$ 和 $J^*(2) = 40.0$，最优策略是 $\mu^*(1) = 0.59$ 和 $\mu^*(2) = 0$。该图也展示了与 $J(1)$ 和 $J(2)$ 轴平行的算子在 $J(1) = 15$ 和 $J(2) = 30$ 的两个一维切片。

值迭代的可视化

算子符号简化了与强化学习有关的算法描述、推导和证明。例如，我们可以将值迭代算法写成如下的紧凑形式

$$J_{k+1} = TJ_k, \quad k = 0, 1, \cdots$$

正如在图 3.1.5 中所示。进一步，给定策略 μ 的值迭代算法可以写成

$$J_{k+1} = T_\mu J_k, \quad k = 0, 1, \cdots$$

且可以类似地解释，这里函数 $T_\mu J$ 的图是线性的。我们也可以很快看到存在策略迭代算法的类似的紧凑描述。

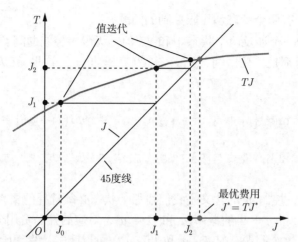

图 3.1.5 从某个初始函数 J_0 开始的值迭代算法 $J_{k+1} = TJ_k$ 的几何解释。后续迭代通过在图中所示的阶梯状构造获得。对于给定策略 μ 的值迭代算法 $J_{k+1} = T_\mu J_k$ 可以类似地解释，除了函数 $T_\mu J$ 的图是线性的。

为了让表述简单，我们将集中关注抽象动态规划框架，因为其适用于 2.1 节中的最优控制问题。特别地，我们假设 T 和 T_μ 具有式 (3.3) 的单调性，$T_\mu J$ 对所有的 μ 是线性的，（结果）对每个状态 x 元素 $(TJ)(x)$ 是 J 的凹函数。然而我们指出抽象符号方便了将无限时段动态规划理论推广到本书所讨论的范围之外的模型。这样的模型包括半马尔可夫问题、极小化极大控制问题、风险敏感问题、马尔可夫博弈以及其他（见动态规划教材 [Ber12] 和抽象动态规划学术专著 [Ber22a]）。

3.2 值空间近似和牛顿法

现在考虑值空间近似和抽象的几何解释，这是在作者的书 [Ber20a] 中首次给出的。通过对给定的 $\tilde{J}$ 使用算子 T 和 T_μ，单步前瞻策略 $\tilde{\mu}$ 通过方程 $T_{\tilde{\mu}}\tilde{J} = T\tilde{J}$ 描述，或者等价地

$$\tilde{\mu}(x) \in \arg\min_{u \in U(x)} E\left\{ g(x, u, w) + \alpha\tilde{J}(f(x, u, w)) \right\} \tag{3.8}$$

正如在图 3.2.1 中所示。进一步，这一方程意味着 $T_{\tilde{\mu}}J$ 的曲线只是在 $\tilde{J}$ 碰到了 TJ 的曲线，如图 3.2.1 所示。

在数学形式上，对每个状态 $x \in X$，超平面 $H_{\tilde{\mu}}(x) \in R(X) \times \Re$

$$H_{\tilde{\mu}}(x) = \{(J, \xi) \mid (T_{\tilde{\mu}}J)(x) = \xi\} \tag{3.9}$$

从上面支撑了凹函数 $(TJ)(x)$ 的亚图，即，凸集合

$$\{(J, \xi) \mid (TJ)(x) \geqslant \xi\}$$

支撑点是 $\left(\tilde{J}, \left(T_{\tilde{\mu}}\tilde{J} \right)(x) \right)$，并且将函数 $\tilde{J}$ 与对应的单步前瞻最小化策略 $\tilde{\mu}$ 联系在一起，策略 $\tilde{\mu}$ 满足 $T_{\tilde{\mu}}\tilde{J} = T\tilde{J}$。式 (3.9) 的超平面 $H_{\tilde{\mu}}(x)$ 定义了 $(TJ)(x)$ 在 $\tilde{J}$ 的次梯度。注意单步

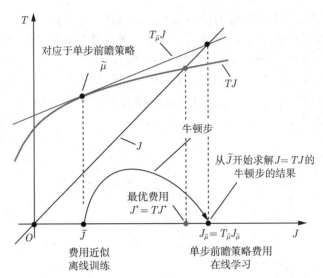

图 3.2.1 值空间近似即单步前瞻策略 $\tilde{\mu}$ 作为一步牛顿法的几何解释 [参见式 (3.8)]。给定 $\tilde{J}$，我们找到在关系式

$$T\tilde{J} = \min_{\mu} T_{\mu}\tilde{J}$$

中达到最小值的策略 $\tilde{\mu}$。该策略满足 $T\tilde{J} = T_{\tilde{\mu}}\tilde{J}$，所以 TJ 和 $T_{\tilde{\mu}}J$ 的图在 $\tilde{J}$ 相触碰，正如图所示。它可能不唯一。因为 TJ 有凹的元素，方程 $J = T_{\tilde{\mu}}J$ 是方程 $J = TJ$ 在 $\tilde{J}$ 的线性化 [对每个 x，式 (3.9) 的超平面 $H_{\tilde{\mu}}(x)$ 定义了 $(TJ)(x)$ 在 $\tilde{J}$ 的次梯度]。在牛顿法的典型一步中通过求解该线性化方程获得下一个迭代，这就是 $J_{\tilde{\mu}}$。

前瞻策略 $\tilde{\mu}$ 未必唯一，因为 T 未必是可微的，于是可能存在多个超平面在 $\tilde{J}$ 支撑。这一构造仍然展示了线性算子 $T_{\tilde{\mu}}$ 是算子 T 在 $\tilde{J}$ 点（对每个 x 逐点）的线性化。

等价地，对每个 $x \in X$，线性标量方程 $J(x) = (T_{\tilde{\mu}}J)(x)$ 是非线性方程 $J(x) = (TJ)(x)$ 在 $\tilde{J}$ 点的线性化。结果，线性算子方程 $J = T_{\tilde{\mu}}J$ 是方程 $J = TJ$ 在 $\tilde{J}$ 的线性化，其解 $J_{\tilde{\mu}}$ 可视作牛顿迭代在 $\tilde{J}$ 点的结果（我们在这里采用了牛顿迭代的扩展视角，适用于可能不可微的不动点方程组；见附录）。小结一下，在 $\tilde{J}$ 的牛顿迭代是 $J_{\tilde{\mu}}$，这是线性化方程 $J = T_{\tilde{\mu}}J$ 的解。[①]

式 (3.1) 和式 (3.2) 的贝尔曼算子的结构，及其单调性与凹性，倾向于增强牛顿法的收

---

① 求解 $y = G(y)$ 形式的不动点问题的经典的牛顿法，其中 y 是 n 维向量，按如下方式操作：在当前迭代 y_k，我们将 G 线性化并且找到对应的线性不动点问题的解 y_{k+1}。假设 G 可微，线性化通过使用一阶泰勒展开获得

$$y_{k+1} = G(y_k) + \frac{\partial G(y_k)}{\partial y}(y_{k+1} - y_k)$$

其中，$\partial G(y_k)/\partial y$ 是 G 在向量 y_k 处评价的 $n \times n$ 雅可比矩阵。牛顿法最常见的收敛速率性质是二次收敛性。这一性质指出在解 y^* 的附近，我们有

$$\|y_{k+1} - y^*\| = O(\|y_k - y^*\|^2)$$

其中，$\|\cdot\|$ 是欧氏范数，并且在假设雅可比矩阵存在、可逆、李普希兹连续的条件下成立（见 Ortega 和 Rheinboldt 的书 [OrR70] 和作者的 [Ber16] 第 1.4 节）。

牛顿法存在许多推广形式。在这些推广形式中，仍然采用在当前迭代中求解线性化系统的思想，但是放松了可微性假设条件，如放松为分片可微性、B-可微性和半连续性。这些推广形式的方法依然保持了超线性收敛性质。特别地，在 [Ber16] 一书中命题 1.4.1 分析了可微 G 的二次收敛速率，这一分析是对 [KoS86] 论文中对分片可微 G 的分析的直接且直观的推广；见附录，其中包含了参考文献。

敛性及收敛速率，即便没有可微性时也是如此，支持这一点的证据包括对策略迭代的与牛顿法有关的良好的收敛性分析，以及滚动、策略迭代和模型预测控制的大量良好体验。事实上，在影响牛顿法的收敛性中单调性与凹性扮演的角色已在数学文献中处理。[①]

正如之前所注意到的，使用 $\tilde{J}$ 进行 l 步前瞻的值空间近似与使用 $\tilde{J}$ 的 $(l-1)$ 重 T 操作（$T^{l-1}\tilde{J}$）的值空间近似相同。所以这可以解释为从在 $\tilde{J}$ 上施加 $l-1$ 次值迭代所得结果，$T^{l-1}\tilde{J}$，开始的一步牛顿步，示于图 3.2.2 中。[②]

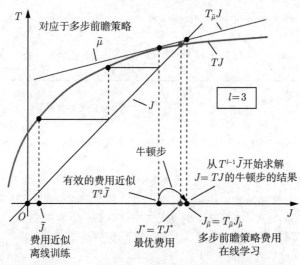

图 3.2.2　采用 l 步前瞻的值空间近似的几何解释（图中 $l=3$）。这与使用 $T^{l-1}\tilde{J}$ 作为费用近似的单步前瞻值空间近似相同。可以被视作在 $T^{l-1}\tilde{J}$ 点的牛顿步，这是对 $\tilde{J}$ 使用 $l-1$ 次值迭代的结果。注意随着 l 增加，l 步前瞻策略 $\tilde{\mu}$ 的费用函数 $J_{\tilde{\mu}}$ 更加接近最优的 J^* 满足 $\lim\limits_{l\to\infty} J_{\tilde{\mu}} = J^*$。

我们也注意到 l 步前瞻最小化涉及 l 轮连续的值迭代，但这些迭代中只有第一次有牛顿步的解释：作为一个例子，考虑具有末端费用近似 $\tilde{J}$ 的两步前瞻最小化。第二步最小化是一次值迭代从 $\tilde{J}$ 开始产生 $T\tilde{J}$。第一步最小化是一次值迭代从 $T\tilde{J}$ 开始产生 $T^2\tilde{J}$，但是也做了其他一些更加重要的事情：这通过 $T_{\tilde{\mu}}(T\tilde{J}) = T(T\tilde{J})$ 产生一个两步前瞻最小化策略 $\tilde{\mu}$，且从 $T\tilde{J}$ 到 $J_{\tilde{\mu}}$（$\tilde{\mu}$ 的费用函数）的步骤是牛顿步。所以，仅产生了一个策略（即 $\tilde{\mu}$）且仅有单个牛顿步（从 $T\tilde{J}$ 到 $J_{\tilde{\mu}}$）。在单步前瞻最小化中，牛顿步从 $\tilde{J}$ 开始并止于 $J_{\tilde{\mu}}$。类似地，在 l 步前瞻最小化情形中，第一步前瞻是牛顿步（从 $T^{l-1}\tilde{J}$ 到 $J_{\tilde{\mu}}$），且第一步前瞻之后接下来的不论是什么都是对牛顿步的准备。

最后，值得指出的是，值空间近似算法计算 $J_{\tilde{\mu}}$ 的方式既不同于策略迭代法也不同于经典形式的牛顿法。它并不显式地计算 $J_{\tilde{\mu}}$ 的任意值，而是施加控制到系统上，费用相应

[①] 见 Ortega 和 Rheinboldt[OrR67] 和 Vandergraft[Van67] 的论文，Ortega 和 Rheinboldt[OrR70] 和 Argyros[Arg08] 的书以及其中引用的参考文献。关于这一联系，值得指出的是，在马尔可夫博弈中，凹性不再成立，策略迭代法可能振荡，正如 Pollatshek 和 Avi-Itzhak[PoA69] 所展示的那样，且需要修订方可恢复其全局收敛性；见作者的论文 [Ber21c] 及其中所引用的参考文献。

[②] 我们注意到几种牛顿法的变形在数值分析中很著名，设计一阶迭代方法的组合，例如高斯-赛德尔和雅可比算法以及牛顿法。这些方法属于牛顿-SOR 方法的广泛家族（SOR 表示"逐次超松弛"）；见 Ortega 和 Rheinboldt[OrR70] 一书（13.4 节）。只要涉及一步单纯的牛顿步以及一阶步骤，它们的收敛速率是超线性的，与牛顿法类似。

累计。所以 $J_{\tilde{\mu}}$ 的值仅对于那些在线生成的系统轨迹中碰到的那些 x 隐式地计算。

确定性等价近似与牛顿步

我们之前注意到对于随机动态规划问题，由于问题的随机特征导致前瞻树随着 l 增加而迅速增长，l 步前瞻可能在计算上是昂贵的，确定性等价方法是处理这一难点的一种重要的近似思想。在这一方法的典型形式中，一些随机扰动 w_k 被替换为确定性量，例如它们的期望值。然后对于所得到的确定性问题离线计算出一个策略，并在线应用于真实的随机问题。

确定性等价方法也可用于加速计算 l 步前瞻最小化。一种实现方法是简单地将不确定的 l 个量 $w_k, w_{k+1}, \cdots, w_{k+l-1}$ 中的每一个都替换为确定值 $\bar{w}$。从概念上，这将贝尔曼算子 T 和 T_μ，

$$(TJ)(x) = \min_{u \in U(x)} E\{g(x,u,w) + \alpha J(f(x,u,w))\}$$

$$(T_\mu J)(x) = E\{g(x,\mu(x),w) + \alpha J(f(x,\mu(x),w))\}$$

[参阅式 (3.1) 和式 (3.2)] 替换为算子 $\bar{T}$ 和 $\bar{T}_\mu$，给定如下

$$\left(\bar{T}J\right)(x) = \min_{u \in U(x)} [g(x,u,\bar{w}) + \alpha J(f(x,u,\bar{w}))]$$

$$\left(\bar{T}_\mu J\right)(x) = g(x,\mu(x),\bar{w}) + \alpha J(f(x,\mu(x),\bar{w}))$$

所得到的 l 步前瞻最小化于是变得更简单了。例如，在有限控制空间的问题中，这是一个确定性最短路径计算，涉及一个无环的 l 阶段图并在每阶段按因数 n 扩展，其中 n 是控制空间的大小。然而，这一方法获得的策略 $\bar{\mu}$ 满足

$$\bar{T}_{\bar{\mu}}\left(\bar{T}^{l-1}\tilde{J}\right) = \bar{T}\left(\bar{T}^{l-1}\tilde{J}\right)$$

且这一策略的费用函数 $J_{\bar{\mu}}$ 由牛顿步生成，旨在从 $\bar{T}^{l-1}\tilde{J}$ 开始找到 $\bar{T}$（而非 T）的一个不动点。于是牛顿步现在的目标是 $\bar{T}$ 的不动点，这不等于 J^*。结果牛顿步的优势在相当大的程度上丧失了。

然而，我们通过仅对 l 步前瞻的最后 $l-1$ 阶段使用确定性等价，可显著纠正前述难点，并且保持本质上的简洁。这可以通过如下方式实现：在 l 步前瞻机制中仅将不确定量 $w_{k+1}, w_{k+2}, \cdots, w_{k+l-1}$ 替换为确定性值 $\bar{w}$，而 w_k 被视作随机量。通过这一方式我们获得一个策略 $\bar{\mu}$ 满足

$$T_{\bar{\mu}}\left(\bar{T}^{l-1}\tilde{J}\right) = T\left(\bar{T}^{l-1}\tilde{J}\right)$$

这一策略的费用函数 $J_{\bar{\mu}}$ 再一次从 $\bar{T}^{l-1}\tilde{J}$ 开始由牛顿步生成，其目标是找到 T（而非 $\bar{T}$）的不动点。于是牛顿法的快速收敛性的优势得以恢复。事实上基于从这一牛顿步解释得到的启发，看起来当 $\bar{T}^{l-1}\tilde{J}$ "接近" J^* 时将 l 步前瞻的最后 $l-1$ 阶段变成确定性带来的性能损失是较小的。同时，l 步最小化 $T\left(\bar{T}^{l-1}\tilde{J}\right)$ 仅涉及一个随机步，即第一步，于是与不涉及任何确定性等价近似的 l 步最小化 $T^l\tilde{J}$ 相比可能有更 "瘦" 的前瞻树。

前述讨论也指向了一种更一般的近似思想，可以处理长程多步前瞻最小化的繁重计算需求。我们可以将 l 步前瞻最小化的后 $(l-1)$ 步的部分 $T^{l-1}\tilde{J}$ 近似为任意产生近似 $\hat{J} \approx T^{l-1}\tilde{J}$ 的简化计算，然后使用最小化

$$T_{\tilde{\mu}}\hat{J} = T\hat{J}$$

获得前瞻策略 $\tilde{\mu}$。这类简化仍将涉及牛顿步（从 $\hat{J}$ 到 $J_{\tilde{\mu}}$），并且从对应的快速收敛性质中受益。

局部与全局性能估计对比

前述对于从 $\tilde{J}$（末端费用函数近似）到 $J_{\tilde{\mu}}$（前瞻策略 $\tilde{\mu}$ 的费用函数）的移动的牛顿步解释建立了超线性的性能估计

$$\max_x |J_{\tilde{\mu}}(x) - J^*(x)| = o\left(\max_x |\tilde{J}(x) - J^*(x)|\right)$$

然而，这一估计在特征上是局部的。它仅当 $\tilde{J}$ "接近" J^* 时有意义。当 $\tilde{J}$ 远离 J^* 时，当 $\tilde{\mu}$ 不稳定时，$\max_x |J_{\tilde{\mu}}(x) - J^*(x)|$ 可能很大甚至无穷大（见下一节的讨论）。

对于几类问题存在差分

$$\max_x |J_{\tilde{\mu}}(x) - J^*(x)|$$

的全局估计，包括对于 l 步前瞻以及当贝尔曼算子 T_μ 是压缩映射时的 α 折扣问题，存在差分的上界

$$\max_x |J_{\tilde{\mu}}(x) - J^*(x)| \leqslant \frac{2\alpha^l}{1-\alpha} \max_x |\tilde{J}(x) - J^*(x)|$$

见神经动态规划一书 [BeT96]（6.1 节命题 6.1），或者强化学习一书 [Ber20a]（5.4 节命题 5.4.1）。这些书中也包含其他相关的全局估计，对所有的 $\tilde{J}$ 成立，不论距离 J^* 近或者远。然而，这些全局估计过于保守，且当 $\tilde{J}$ 接近 J^* 时对于值空间近似机制的性能并不具有代表性。在本书中将不考虑，因为它们对于我们想集中关注的启示与方法论没有贡献。例如，对于有限空间 α 折扣 MDP，当 $\max_x |\tilde{J}(x) - J^*(x)|$ 充分小时可证明 $\tilde{\mu}$ 是最优的；这也可以从另一事实看出，即贝尔曼算子的元素 $(TJ)(x)$ 不仅是凹的而且是分片线性的，所以牛顿法在有限步之内收敛。

3.3 稳定域

对于任意的控制系统设计方法，所获得策略的稳定性至关重要。于是调查并验证通过值空间近似机制获得的控制器的稳定性颇为关键。历史上，控制理论中出现过几种关于稳定性的定义。在本书中，我们对稳定性的关注将主要针对具有免费的终止状态 t 且在终止状态之外每阶段费用为正的问题，例如之前介绍的无折扣正费用确定性问题（参见 2.1 节）。进一步，对我们的目的而言最好采用基于优化的定义。特别地，如果 $J_\mu(x) = \infty$ 对某个状态 x 成立，我们说策略 μ 是不稳定的。等价地，如果对所有的状态 x 有 $J_\mu(x) < \infty$，那

么我们说策略 μ 是稳定的。这一定义的优点是适用于一般的状态空间和控制空间。自然地，这可以在特定的问题实例中更加具体化。[①]

在值空间近似的上下文中我们感兴趣的是稳定域，这是由近似费用函数 $\tilde{J} \in R(X)$ 构成的集合，要求其对应的单步或者多步前瞻策略 $\tilde{\mu}$ 稳定。对于每阶段费用有界的折扣问题，所有的策略具有实值费用函数，所以没有出现稳定性的问题。然而，一般而言，稳定域可能是实值函数的一个严格子集；这将在稍后对于 2.1 节的线性二次型问题的无折扣确定性情形中展示（参见例 2.1.1）。图 3.3.1 展示了采用单步前瞻的值空间近似的稳定域和不稳定域。

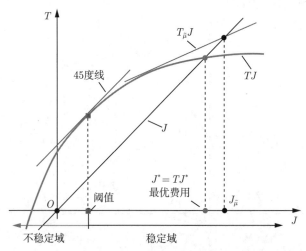

图 3.3.1　采用单步前瞻的值空间近似的稳定域和不稳定域示意图。稳定域是让从单步前瞻最小化 $T_{\tilde{\mu}}\tilde{J} = T\tilde{J}$ 中获得的策略 $\tilde{\mu}$ 对所有 x 满足 $J_{\tilde{\mu}}(x) < \infty$ 的 $\tilde{J}$ 构成的集合。

从图 3.3.1 中看到的一个有趣的现象是，如果 $\tilde{J}$ 不属于稳定域且 $\tilde{\mu}$ 是对应的单步前瞻不稳定策略，那么贝尔曼方程 $J = T_{\tilde{\mu}}J$ 可能拥有实值解。然而，这些解将不等于 $J_{\tilde{\mu}}$，因为这将违反稳定域的定义。一般而言，如果 T_{μ} 不是压缩映射，T_{μ} 可能拥有实值不动点，但任何一个都不等于 J_{μ}。

图 3.3.2 展示了采用 l 步前瞻最小化的值空间近似的稳定域和不稳定域。这张图的启发与图 3.3.1 的单步前瞻情形类似。然而，该图展示了 l 步前瞻控制器 $\tilde{\mu}$ 的稳定域依赖于 l，并且随着 l 增加倾向于变得更大。原因是采用末端费用 $\tilde{J}$ 的 l 步前瞻等于采用末端费用 $T^{l-1}\tilde{J}$ 的单步前瞻，后者倾向于比 $\tilde{J}$ 更加接近最优费用函数 J^*（假设值迭代方法收敛）。

我们如何在稳定域内获得近似函数 $\tilde{J}$？

自然地，识别并获得位于稳定域之内的近似费用函数 $\tilde{J}$ 并采用单步或者多步前瞻对于我们非常重要。我们将对于每阶段期望费用非负的特殊情形关注这一问题

$$E\{g(x, u, w)\} \geqslant 0, \forall x, u \in U(x)$$

[①] 对于之前介绍的无折扣正费用确定性问题（参见 2.1 节），可以证明，如果策略 μ 是稳定的，那么 J_{μ} 是贝尔曼方程 $J = T_{\mu}J$ 在非负实值函数中的 "最小" 解，并且在宽松的假设条件下，这也是 $J = T_{\mu}J$ 在满足 $J(t) = 0$ 的非负实值函数 J 中的唯一解；见作者的论文 [Ber17b]。进一步，如果 μ 是不稳定的，那么贝尔曼方程 $J = T_{\mu}J$ 在非负实值函数中无解。

并且假设 J^* 是实值的。这是模型预测控制中最有趣的情形，但是也在其他有趣的问题中出现，包括涉及终止状态的随机最短路问题。

从图 3.3.2 中可以推断，如果由值迭代算法产生的序列 $\{T^k \tilde{J}\}$ 对所有满足 $0 \leqslant \tilde{J} \leqslant J^*$ 的 $\tilde{J}$ 都收敛到 J^*（这一点在非常一般性的条件下成立；见 [Ber12]、[Ber22a]），那么 $T^{l-1}\tilde{J}$ 对于充分大的 l 属于稳定域。相关的想法已经在 Liu 及其合作者的自适应动态规划的文献 [HWL21]、[LXZ21]、[WLL16] 以及 Heydari[Hey17]、[Hey18] 中讨论过，他们提供了详细的参考文献；也见 Winnicki 等 [WLL21]。我们将在线性二次型问题中重新回到这一问题。这一断言一般是正确的，但是需要在 J^* 的某个邻域内的所有函数 $\tilde{J}$ 都属于稳定域。我们的后续讨论将旨在解决这一困难。

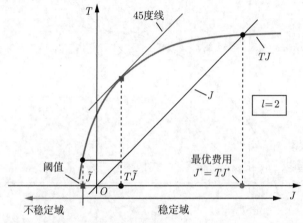

图 3.3.2 采用 l 步前瞻最小化的值空间近似的稳定域和不稳定域示意图。稳定域是从 $T^l \tilde{J} = T_{\tilde{\mu}} T^{l-1} \tilde{J}$ 中获得的，策略 $\tilde{\mu}$ 对所有 x 满足 $J_{\tilde{\mu}}(x) < \infty$ 的所有 $\tilde{J}$ 构成的集合（图中展示的是 $l = 2$ 的情形）。随着 l 的增加，不稳定域倾向于减小。

在我们的上下文中一条重要的事实是稳定域包括所有满足

$$T\tilde{J} \leqslant \tilde{J} \tag{3.10}$$

的实值非负函数 $\tilde{J}$。事实上如果 $\tilde{\mu}$ 是对应的单步前瞻策略，我们有

$$T_{\tilde{\mu}}\tilde{J} = T\tilde{J} \leqslant \tilde{J}$$

以及从非负费用无限时段问题的一个众所周知的结论 [见 [Ber12] 命题 4.1.4（a）]，于是有

$$J_{\tilde{\mu}} \leqslant \tilde{J}$$

（用一句话证明这一结论：如果有 $T_{\tilde{\mu}}\tilde{J} \leqslant \tilde{J}$，那么对所有的 k 有 $T_{\tilde{\mu}}^{k+1}\tilde{J} \leqslant T_{\tilde{\mu}}^k \tilde{J}$，再使用 $0 \leqslant \tilde{J}$ 的事实，于是 $T_{\tilde{\mu}}^k \tilde{J}$ 的极限，称为 J_∞，满足 $J_{\tilde{\mu}} \leqslant J_\infty \leqslant \tilde{J}$）。所以如果 $\tilde{J}$ 是非负且实值的，$J_{\tilde{\mu}}$ 也是实值的，所以 $\tilde{\mu}$ 是稳定的。于是有 $\tilde{J}$ 属于稳定域。在特定的背景下这是已知的结论，例如模型预测控制（见 Rawlings、Mayne 和 Diehl[RMD17] 一书的 2.4 节，其中包含了此前大量有关稳定性问题的参考文献）。

满足条件 $T\tilde{J} \leqslant \tilde{J}$ 的一个重要的特殊情形是,当 $\tilde{J}$ 是稳定策略的费用函数,即 $\tilde{J} = J_{\mu}$,那么我们有 J_{μ} 是实值的且满足 $T_{\mu}J_{\mu} = J_{\mu}$,所以有 $TJ_{\mu} \leqslant J_{\mu}$。这一情形关联到滚动算法并且展示了采用稳定策略的滚动获得稳定的前瞻策略。这也意味着如果 μ 是稳定的,那么对于充分大的 m,$T_{\mu}^{m}\tilde{J}$ 属于稳定域。

除了与稳定的 μ 对应的 J_{μ} 和 J^{*},存在其他有趣的函数 $\tilde{J}$ 满足条件 $T\tilde{J} \leqslant \tilde{J}$。特别地,令 β 为满足 $\beta > 1$ 的标量,且对于稳定的策略 μ,考虑如下定义的 β 放大算子 $T_{\mu,\beta}$

$$(T_{\mu,\beta}J)(x) = E\{\beta g(x,\mu(x),w) + \alpha J(f(x,\mu(x),w))\}, \forall x$$

于是可以看出函数

$$J_{\mu,\beta} = \beta J_{\mu}$$

是 $T_{\mu,\beta}$ 的一个不动点且满足 $TJ_{\mu,\beta} \leqslant J_{\mu,\beta}$。这通过写出

$$J_{\mu,\beta} = T_{\mu,\beta}J_{\mu,\beta} \geqslant T_{\mu}J_{\mu,\beta} \geqslant TJ_{\mu,\beta} \tag{3.11}$$

可以得出。所以 $J_{\mu,\beta}$ 位于稳定域之中,且位于 J_{μ} 的"更靠其右侧的位置"。所以我们可以推测在 m 步截断滚动的上下文中 $T_{\mu,\beta}^{m}\tilde{J}$ 可以比 $T_{\mu}^{m}\tilde{J}$ 更可靠地近似 J_{μ}。

为了说明这一事实,考虑稳定策略 μ,并假设除去终止状态 t(如果存在)之外的所有状态下的每阶段期望费用与 0 隔离开,即

$$C = \min_{x \neq t} E\{g(x,\mu(x),w)\} > 0$$

那么我们宣称,给定标量 $\beta > 1$,对于任意满足 $\hat{J}(t) = 0$ 的函数 $\hat{J} \in R(X)$,如果 $\hat{J}$ 满足

$$\max_{x} |\hat{J}(x) - J_{\mu,\beta}(x)| \leqslant \delta, \forall x \tag{3.12}$$

其中

$$\delta = \frac{(\beta - 1)C}{1 + \alpha}$$

那么 $\hat{J}$ 也满足稳定性条件 $T\hat{J} \leqslant \hat{J}$。从这一点于是有对于给定的非负实值 $\tilde{J}$ 和让函数 $\hat{J} = T_{\mu,\beta}^{m}\tilde{J}$ 满足式 (3.12) 的充分大的 m,有 $\hat{J}$ 位于稳定域中。

为了理解这一点,注意对所有的 $x \neq t$,我们有

$$J_{\mu,\beta}(x) = \beta E\{g(x,\mu(x),w)\} + \alpha E\{J_{\mu,\beta}(f(x,\mu(x),w))\}$$

于是通过使用式 (3.12),我们有

$$\hat{J}(x) + \delta \geqslant \beta E\{g(x,\mu(x),w)\} + \alpha E\{\hat{J}(f(x,\mu(x),w))\} - \alpha\delta$$

于是有

$$\hat{J}(x) \geqslant E\{g(x,\mu(x),w)\} + \alpha E\{\hat{J}(f(x,\mu(x),w))\} + (\beta-1)E\{g(x,\mu(x),w)\} - (1+\alpha)\delta$$

$$\geqslant E\{g(x,\mu(x),w)\} + \alpha E\{\hat{J}(f(x,\mu(x),w))\} + (\beta-1)C - (1+\alpha)\delta$$

$$= (T_\mu \hat{J})(x)$$

$$\geqslant (T\hat{J})(x)$$

于是稳定性条件 $T\hat{J} \leqslant \hat{J}$ 被满足。

类似地，如下函数

$$J_\beta^* = \beta J^*$$

是如下定义的算子 T_β 的不动点

$$(T_\beta J)(x) = \min_{u\in U(x)} E\{\beta g(x,u,w) + \alpha J(f(x,u,w))\}, \forall x$$

可以看出，使用与式 (3.11) 类似的论述，J_β^* 满足 $TJ_\beta^* \leqslant J_\beta^*$，所以它位于稳定域之内。进一步，与之前讨论的截断滚动的情形类似，我们可以断言比起在 l 步前瞻上下文中 J^* 由 $T^{l-1}\tilde{J}$ 替代的情形，J_β^* 可以用 $T_\beta^{l-1}\tilde{J}$ 更稳定地近似。

3.4　策略迭代、滚动和牛顿法

无限时段算法的另一个主要类别基于策略迭代（简称为 PI），这涉及重复使用策略改进，与在第 1 章中所描述的在阿尔法零和时序差分西洋双陆棋离线训练算法类似。PI 算法的每轮迭代从稳定策略开始（我们称之为当前或者基础策略），并生成另一个稳定策略（我们将分别称之为新的或者滚动的策略）。对于 2.1 节的无限时段问题，给定基础策略 μ，迭代包括两个阶段（见图 3.4.1）。

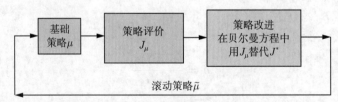

图 3.4.1　PI 作为重复滚动的示意图。它生成了一系列策略，序列中的每个策略 μ 作为基础策略生成序列中的下一个策略 $\tilde{\mu}$ 作为对应的滚动策略。

（a）策略评价，计算费用函数 J_μ。一种可能性是求解对应的贝尔曼方程

$$J_\mu(x) = E\{g(x,\mu(x),w) + \alpha J_\mu(f(x,\mu(x),w))\}, \forall x \tag{3.13}$$

然而，也可以通过蒙特卡洛仿真来计算与任意 x 对应的 $J_\mu(x)$ 值，即通过在许多从 x 开始由策略随机生成的轨迹上取平均。其他更复杂的可能性包括使用定制的基于仿真的方法，例如时序差分方法，对此存在大量的文献（如 [BeT96]、[SuB98]、[Ber12] 等书）。

（b）策略改进，使用单步前瞻最小化计算滚动策略 $\tilde{\mu}$

$$\tilde{\mu}(x) \in \arg\min_{u \in U(x)} E\left\{g(x,u,w) + \alpha J_\mu\left(f(x,u,w)\right)\right\}, \forall x \tag{3.14}$$

通常期待（而且可以在宽松的条件下证明）滚动策略改进了，即对所有的 x 有

$$J_{\tilde{\mu}} \leqslant J_\mu(x)$$

可以在大部分动态规划书籍中找到在多种语境中对这一事实的证明，包括作者的 [Ber12]、[Ber18a]、[Ber19a]、[Ber20a]、[Ber22a]。

所以 PI 生成一系列的稳定策略 $\{\mu^k\}$，通过使用式 (3.13) 对之前的策略 μ^k 进行策略评价获得 J_{μ^k}。通过在式 (3.14) 中使用 J_{μ^k} 替代 J_μ，并经过策略改进运算获得 μ^{k+1}。众所周知（精确的）策略迭代具有坚实的收敛性质；见之前引用的动态规划教材，以及作者的强化学习一书 [Ber19a]。即使当该方法在涉及异步分布式计算的非传统计算环境中实现时（经过恰当的改造）策略迭代的收敛性质也成立，正如由 Bertsekas 和 Yu 发表的一系列论文 [BeY10]、[BeY12]、[YuB13] 中所示。

使用我们的抽象符号，PI 算法可以写成紧凑的形式。对于所生成的策略序列 $\{\mu^k\}$，策略评价阶段通过如下方程获得 J_{μ^k}

$$J_{\mu^k} = T_{\mu^k} J_{\mu^k} \tag{3.15}$$

而策略改进阶段通过如下方程获得 μ^{k+1}

$$T_{\mu^{k+1}} J_{\mu^k} = T J_{\mu^k} \tag{3.16}$$

正如图 3.4.2 所示，PI 可以被视作在费用函数 J 的函数空间中求解贝尔曼方程的牛顿法。特别地，式 (3.16) 的策略改进是从 J_{μ^k} 开始的牛顿步，并且获得 μ^{k+1} 作为对应的单步前瞻（滚动策略）。图 3.4.3 展示了滚动算法，这只是 PI 的首轮迭代。

与值空间的近似相比，策略迭代基于牛顿法的解释有较长的历史。我们推荐 Kleiman 对线性二次型问题的最初工作 [Klei68][1]，以及由 Pollatschek 和 Avi-Itzhak 关于有限状态无限时段折扣和马尔可夫博弈问题的工作 [PoA69]（他们也证明了该方法可能在博弈情形下振荡）。后续的工作，讨论了算法变形和近似，包括 Hewer[Hew71]，Puterman 和 Brumelle[PuB78] 和 [PuB79]，Santos 和 Rust[SaR04]，Bokanowski、Maroso 和 Zidani [BMZ09]，Hylla[Hyl11]，Magirou、Vassalos 和 Barakitis[MVB20]，Bertsekas[Ber21c]，Kundu 和 Kunitsch[KuK21]。这些论文中的一些处理了更广类型的问题（例如连续时间最优控制、极小化极大问题和马尔可夫博弈），并包括了在多种（经常受限制的）假设下的超线性收敛速率的结论，以及策略迭代的变形。早期与控制系统设计相关的工作包括 Saridis 和 Lee[SaL79]、Beard[Bea95] 以及 Beard、Saridis 和 Wen[BSW99]。

---

[1] 这是 Kleinman 在 MIT 的博士论文 [Kle67]，由 M. Athans 指导。Kleinman 将一维版本的结论归功于 Bellman 和 Kalaba[BeK65]。还要注意策略迭代方法由 Bellman 在他的经典书 [Bel57] 中首次给出，并使用了"策略空间的近似"这一名称。

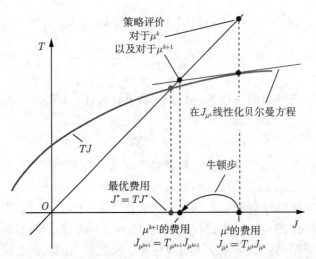

图 3.4.2 策略迭代的几何解释。从稳定的当前策略 μ^k 出发，策略迭代评价对应的费用函数 J_{μ^k} 并按照

$$T_{\mu^{k+1}} J_{\mu^k} = T J_{\mu^k}$$

计算下一个策略 μ^{k+1}。对应的费用函数 $J_{\mu^{k+1}}$ 是线性方程 $J = T_{\mu^{k+1}} J$ 的解，于是这是从 J_{μ^k} 出发求解贝尔曼方程 $J = TJ$ 的牛顿步的结果。注意在策略迭代中，牛顿步总是从一个函数 J_μ 开始，该函数满足 $J_\mu \geqslant J^*$ 以及 $TJ_\mu \leqslant J_\mu$（参阅 3.3 节中关于稳定性的讨论）。

滚动

一般说来，采用稳定的基础策略 μ 的滚动可以被视作从贝尔曼方程的解 J_μ 开始的牛顿法的单轮迭代（见图 3.4.3）。注意在系统的实时操作中滚动、策略改进仅施加在当前的状态之上。这让在线实现变成可能，即使问题的状态空间非常大，只要可以按照需要在线地评价基础策略的性能即可。为此，我们经常需要对系统实时产生的每一个状态 x_k 进行在线的确定性或者随机的仿真。

正如图 3.4.3 所示，滚动策略 $J_{\tilde{\mu}}$ 的费用函数通过构建贝尔曼方程在 J_μ 的线性化近似并求解来获得。如果函数 TJ 是接近线性的（即有小的"曲率"），即使基础策略 μ 与最优解相去甚远，滚动策略性能 $J_{\tilde{\mu}}(x)$ 与最优的 $J^*(x)$ 仍然非常接近。这解释了为何在实际中采用滚动算法时通常能观察到大的费用改进。

一个有趣的问题是如何对于给定的初始状态 x 将滚动性能 $J_{\tilde{\mu}}(x)$ 与基础策略性能 $J_\mu(x)$ 进行比较。显然，我们希望 $J_\mu(x) - J_{\tilde{\mu}}(x)$ 很大，但这不是看待费用改进的正确方法。原因是如果其上界 $J_\mu(x) - J^*(x)$ 小，即，如果基础策略接近最优，那么 $J_\mu(x) - J_{\tilde{\mu}}(x)$ 也小。因此，更重要的是误差率

$$\frac{J_{\tilde{\mu}}(x) - J^*(x)}{J_\mu(x) - J^*(x)} \tag{3.17}$$

小。确实，由于牛顿法的超线性收敛速率，上述误差率随着 $J_\mu(x) - J^*(x)$ 接近 0 而变得更小（参见图 3.4.3）。可是，因为不知道 $J^*(x)$，所以评价这一比例是困难的。另一方面，如果我们观察到小的性能改进 $J_\mu(x) - J_{\tilde{\mu}}(x)$，那么也不应不知所措，原因可能是基础策略已经近优，事实上可能按照式 (3.17) 的误差率来说做得相当好。

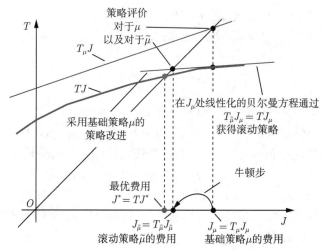

图 3.4.3 滚动的几何解释。每个策略 μ 定义了由式 (3.2) 给出的 J 的线性函数 $T_\mu J$，TJ 是由式 (3.1) 给出的函数，也可写成 $TJ = \min_\mu T_\mu J$。本图展示了从基础策略 μ 开始的一步策略迭代。由策略评价（通过如图所示求解线性方程 $J = T_\mu J$）计算 J_μ。然后使用 μ 作为基础策略进行一步策略改进产生滚动策略 $\tilde\mu$，如图所示，通过求解在点 J_μ 线性化版本的贝尔曼方程获得滚动策略的费用函数 $J_{\tilde\mu}$，正如在牛顿法中那样。

截断滚动和乐观策略迭代

滚动的变形可能涉及多步前瞻、截断和末端费用函数近似，正如在阿尔法零和时序差分西洋双陆棋程序中那样，参见第 1 章。这些变形的几何解释与之前所给的类似，见图 3.4.4。截断滚动采用基础策略 μ 进行 m 次值迭代，并使用近似末端费用函数 $\tilde J$ 来近似费用函数 J_μ。

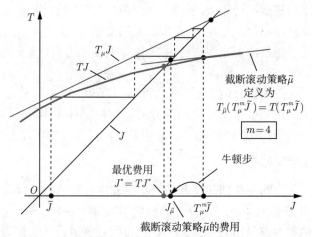

图 3.4.4 采用单步前瞻最小化、使用基础策略 μ 和末端费用函数近似 $\tilde J$ 的 m 次值迭代（这里 $m = 4$）的截断滚动的几何解释。

在单步前瞻的情形中，截断滚动策略 $\tilde\mu$ 定义为

$$T_{\tilde\mu}(T_\mu^m \tilde J) = T(T_\mu^m \tilde J) \tag{3.18}$$

即，当贝尔曼算子 T 施加到函数 $T_\mu^m \tilde{J}$（通过用基础策略 μ 进行 m 步之后用近似末端费用 $\tilde{J}$ 获得的费用）上时 $\tilde{\mu}$ 达到最小值；见图 3.4.4。在 l 步前瞻的情形中，截断滚动策略 $\tilde{\mu}$ 定义为

$$T_{\tilde{\mu}}\left(T^{l-1}T_\mu^m \tilde{J}\right) = T(T^{l-1}T_\mu^m \tilde{J}) \tag{3.19}$$

截断滚动与策略迭代的一种乐观的变形有关。这一变形通过使用基础策略 μ 进行 m 次值迭代近似策略评价步骤；见 [BeT96]、[Ber12]、[Ber19a] 中关于这一关系的更详细的讨论。与乐观策略迭代有关的方法是 λ 策略迭代方法，这与凸分析的近似算法有关，并在作者的其他几本书（[BeT96]、[Ber12]、[Ber20a]、[Ber22a]）和论文（[BeI96]、[Ber15]、[Ber18d]）中进行了讨论，且也可以用于替换式 (3.18) 定义单步前瞻策略。特别地，论文 [Ber18d] 的第 6 节集中关注 λ 策略迭代算法，作为对有限状态折扣和随机最短路问题的常规策略迭代和牛顿法的近似。

正如之前注释的，在每次牛顿步骤前后进行多步不动点迭代且不使用截断滚动，即

$$T_{\tilde{\mu}}(T^{l-1}\tilde{J}) = T(T^{l-1}\tilde{J}) \tag{3.20}$$

这样的牛顿法变形众所周知。Ortega 和 Rheinboldt 的经典数值分析一书 [OrR70]（13.3 节和 13.4 节）提供了多种收敛性结论，所用的假设条件包括 T 的元素的可微性和凸性，以及 T 的逆雅可比的非负性。这些假设条件，特别是可微性，可能在我们的动态规划上下文中不满足。进一步，对式 (3.20) 形式的方法，初始点必须满足额外的假设条件，其保证了 J^* 的凸性是上单调的（在这一情形下，如果还有 T 的雅可比是保序的，则可以构造一条辅助序列由下单调地收敛到 J^*），见 [OrR70]、13.3.4 节、13.4.2 节。这与动态规划中乐观策略迭代方法的已有收敛结果类似，见 [BeT96]、[Ber12]。

如图 3.4.4 所示的几何解释还建议：

（a）从基础到滚动策略的费用改进 $J_\mu - J_{\tilde{\mu}}$ 倾向于随着前瞻长度 l 增加变得更大；

（b）采用 l 步前瞻最小化，之后是 m 步的基础策略 μ，再然后是末端费用函数近似 $\tilde{J}$ 的截断滚动可以在适当的条件下被视作使用 $\tilde{J}$ 作为末端费用函数近似的 $(l+m)$ 步前瞻最小化的经济的替代。

图 3.4.5 总结解释了采用 l 步前瞻最小化和 m 步截断滚动 [参见式 (3.19)] 的值空间近似机制及其与牛顿法的关联。本图标出的部分通常与在线对弈和离线训练相关，并且与此前的图 1.2.1 并列，后者适用于阿尔法零、时序差分西洋双陆棋程序及相关的在线机制。

截断滚动中的前瞻长度问题

实际中感兴趣的一个问题是如何在截断滚动机制中选择前瞻长度 l 和 m。显然前瞻最小化中 l 取值大是有好处的（在产生改进的前瞻策略费用函数 $J_{\tilde{\mu}}$ 的意义下），因为额外的值迭代让牛顿步的起点 $T^{l-1}\tilde{J}$ 更接近 J^*。然而请注意尽管长程前瞻最小化的计算量大（其复杂性随着 l 增加按指数速度增大），多步前瞻中仅有第一阶段对牛顿步有贡献，而剩余的 $l-1$ 步是效果差许多的一阶值迭代。

关于 m 的取值，长程截断滚动让牛顿步的起点更接近 J_μ，但未必更接近 J^*，正如图 3.4.4 所示。确实在计算实验中看到增加 m 的取值在超过某个阈值后可能起反作用，同

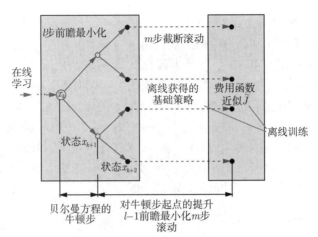

图 3.4.5 采用 l 步前瞻最小化（图中 $l=2$）和 m 步截断滚动 [参见式 (3.19)] 的值空间近似机制及其与牛顿法关联的示意图。求解贝尔曼方程 $J^* = TJ^*$ 的牛顿步对应于（l 步）前瞻最小化中的第一步。剩余的 $l-1$ 步前瞻最小化（值迭代）及 m 步截断滚动（采用基础策略的值迭代），从其离线获得的费用函数近似 $\tilde{J}$ 基础上改进了牛顿步的起点。

时看到这一阈值通常依赖于问题和末端费用近似 $\tilde{J}$；也见 4.6 节中我们对线性二次型问题的后续讨论。正如之前注释的，这也与长期以来对乐观策略迭代的经验一致，后者与截断滚动紧密相关。然而，遗憾的是，暂时没有分析可以解释这一问题，截断滚动的可用的误差界（见 [Ber19a]、[Ber20a]）是保守的且对这个问题只能提供有限的指导。

另一个需要记住的重要事实是截断滚动步骤比前瞻最小化步骤需要更少的计算量。所以与其他顾虑平等考虑之后，在计算上倾向于让 m 取值大而不是让 l 取值大（这是 Tesauro 的时序差分西洋双陆棋程序的截断滚动的启示 [TeG96]）。另一方面，尽管 m 取值大可能在计算上是可以忍受的，但是即使是相对较小的 l 的取值在计算上也是相当困难的。对于前瞻树的宽度倾向于快速增长的随机问题尤其是这样。

一条有趣的性质，且有一定的普遍性，是采用稳定策略的截断滚动对前瞻策略的稳定性有好处。原因是基础策略 μ 的费用函数 J_μ 位于稳定域内部，正如 3.2 节指出的。进一步 μ 的值迭代（即截断滚动）倾向于将牛顿步骤的起点推向 J_μ。所以这些值迭代在充分次数之后将牛顿步骤的起始点推进稳定域。

前述讨论引出了如下的定性问题：基于滚动的前瞻是基于最小化的前瞻的经济的替代吗？对此问题的回答似乎应是一个合格的肯定：对于给定的计算资源，小心地权衡 m 和 l 的取值之后倾向于比简单地尽可能增加 l 而设定 $m=0$（这对应于没有滚动）获得更好的前瞻策略性能。这与通过例如图 3.4.4 所展示的几何解释获得的直观保持一致，但是难以建立结论。我们之后在 4.6 节中对于线性二次型问题进一步讨论这一点。

3.5 在线对弈对于离线训练过程有多敏感？

在值空间近似中需要考虑的一个重要问题是单步或者多步最小化中，或者末端费用近似 $\tilde{J}$ 中的误差的影响。因为控制约束集合 $U(x)$ 是无限的，或者因为计算的权宜之计简化了最小化过程（见我们后续对多智能体问题的讨论）上述误差经常是不可避免的。进一步，我们可能由于截断滚动及问题参数变化增大误差的影响，这些均体现在贝尔曼方程的变化之中（见我们后续对于鲁棒和自适应控制的讨论）。

在这些情形之下在图 3.4.4 中贝尔曼方程在点 $\tilde{J}$ 的线性化被扰动了，而且图 3.4.4 中对应点 $T_\mu^m \tilde{J}$ 也被扰动了。然而，这些扰动产生的影响倾向于被牛顿步骤中和了，后者产生策略 $\tilde{\mu}$ 和对应的费用函数 $J_{\tilde{\mu}}$。牛顿步骤具有超线性的收敛性质，所以对于在 $T_\mu^m \tilde{J}$ 的计算中的 $O(\epsilon)$ 阶的误差 [即，当 $\epsilon \to 0$ 时 $O(\epsilon)/\epsilon \to 0$]，当 $J_{\tilde{\mu}}$ 在 J^* 附近时，$J_{\tilde{\mu}}$ 中的误差位于最小的阶 $o(\epsilon)$[即，随着 $\epsilon \to 0$ 有 $o(\epsilon)/\epsilon \to 0$]。[①]这是一条了不起的启示，因为它建议对 $\tilde{J}$ 的极度精确和精细的微调可能不能在单步特别是多步前瞻策略的最终性能上产生显著的效果；也见 4.5 节中对线性二次型问题的定量分析。

近似策略迭代和实现误差

策略评价和策略改进都可以近似进行，可能通过用数据训练和近似架构，如神经网络；见图 3.5.1。其他的近似包括基于仿真的方法，如截断滚动，以及策略评价的时序差分方法，涉及对基函数的使用。进一步，多步前瞻可以替代单步前瞻，而且基于如多智能体滚动的简化最小化也可以使用。请注意使用组合的滚动和策略迭代算法的可能性，其中我们通过使用在滚动过程中收集到的数据，对基础策略使用策略迭代进行在线策略改进。这一思想相对较新且尚未详细测试；见 3.8 节中的后续讨论以及作者的论文 [Ber21a]。

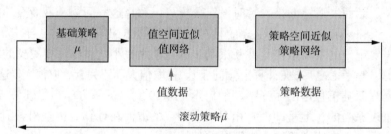

图 3.5.1　近似策略迭代框架示意图。策略评价阶段或策略改进阶段（或两者同时）分别由值网络或策略网络近似。这些可以是神经网络，并使用由当前基础策略 μ 生成的（状态、费用函数值）数据以及由滚动策略 $\tilde{\mu}$ 生成的（状态、滚动策略控制）数据进行训练。

注意存在三种类型的近似实现：（1）有值网络但是无策略网络（这里的值网络通过单步或多步前瞻定义了策略）；（2）有策略网络但是无值网络（这里的策略网络拥有可通过滚动计算的对应的值函数）；（3）同时有策略网络和值网络（阿尔法零的近似架构是这类中的一例）。

长期以来对近似策略迭代的实践经验与上面描述的实现误差的效果一致，而且表明在策略评价和策略改进操作中的显著改变经常对所生成的策略的性能只有小的但是在很大程度上不可预测的效果。例如，当 TD(λ) 一类的方法用于策略评价时，对 λ 的选择对于所生成的策略的费用函数近似有很大的影响，但是通常对所生成的策略的性能只有小的且不可预测的效果。这里的一种合理的推断是精确牛顿步的超线性收敛性质"平滑了"离线近似误差的影响。

---

① 对此的严格证明需要 T 在 $\tilde{J}$ 的可微性。因为 T 几乎在所有点 J 都是可微的，即使 T 不是可微的，刚刚描述的灵敏性质也可能在实际中成立。

3.6 何不直接训练策略网络并在使用时摒弃在线对弈呢?

这是一个敏感的常见问题,其根源在于认为神经网络具有卓越的函数近似性能。换言之,如果可以用离线的方式做同样的事情并且用训练出来的策略网络表示前瞻策略,为什么要经历艰巨的前瞻最小化的在线过程呢? 更一般地,使用策略空间的近似是可能的,这是值空间近似的一种主要的替代方法,其中我们从合适的受限类别的策略中选择策略,如从 $\mu(x, r)$ 形式的参数化策略类别中,其中 r 是参数向量。于是可以用某种离线训练过程估计 r。存在多种进行这类训练的方法,如策略梯度和随机搜索方法(见 [SuB18] 和 [Ber19a] 书中的综述)。作为替代,可以使用某种近似动态规划或者经典的控制系统设计方法。

在策略空间近似的一条重要的优势是一旦获得参数化策略,那么对控制 $\mu(x, r)$ 的在线计算经常比在线前瞻最小化快许多。因此,为了便于使用,可以用策略空间的近似对(无论如何获得的)已知策略提供近似实现。从负面来说,因为参数化近似经常涉及相当多的计算,它们不太适合在线重新规划。

从本书的视角来说,存在另一个重要的原因让我们在策略空间近似的基础之上再使用值空间近似:离线训练的策略可能不能像对应的单步或者多步前瞻和滚动策略的性能一样好,因为它缺乏相关的精确牛顿步的额外的能力(参阅我们在第 1 章中对阿尔法零和时序差分西洋双陆棋程序的讨论)。图 3.6.1 展示了这一事实,使用了一维线性二次型的例子,并且对比了由标量参数定义的线性策略与其对应的单步前瞻策略的性能。

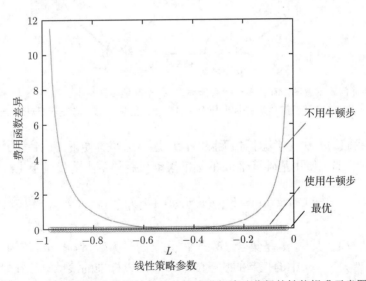

图 3.6.1 对于线性二次型问题使用离线训练的基础策略进行滚动获得的性能提升示意图。这里的系统方程是 $x_{k+1} = x_k + 2u_k$,费用函数参数是 $q = 1, r = 0.5$。最优策略是 $\mu^*(x) = L^* x$,其中 $L^* \approx -0.4$,最优费用函数是 $J^*(x) = K^* x^2$,其中 $K^* \approx 1.1$。我们考虑形式为 $\mu(x) = Lx$ 的策略,其中 L 是参数,以及形式为 $J_\mu(x) = K_L x^2$ 的费用函数。图中展示了二次费用系数差分 $K_L - K^*$ 和 $K_{\tilde{L}} - K^*$ 是 L 的函数,其中 K_L 和 $K_{\tilde{L}}$ 是 μ(不用单步前瞻/牛顿步)和对应的单步前瞻策略 $\tilde{\mu}$(使用单步前瞻/牛顿步)的二次费用系数。

3.7 多智能体问题和多智能体滚动

采用单步前瞻的值空间近似在实现中的一个主要难点是对状态 x 在 $U(x)$ 之上进行最小化。当 $U(x)$ 无限时，或者即使它有限但是有非常多的元素，最小化可能非常耗费时间。在多步前瞻的情形中计算上的困难变得更加突出。在这一节我们讨论当控制 u 包括 m 个元素，$u = (u_1, u_2, \cdots, u_m)$，且对每个元素 $u_l \in U_l(x), l = 1, 2, \cdots, m$ 具有可分控制约束的问题如何处理这一难点。控制约束集合是笛卡儿积

$$U(x) = U_1(x) \times U_2(x) \times \cdots \times U_m(x) \tag{3.21}$$

其中集合 $U_l(x)$ 给定。这一结构受涉及分布式决策的应用启发，其中有多个智能体且彼此之间有通信和协作，见图 3.7.1。

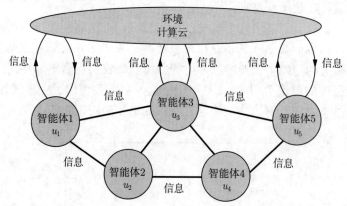

图 3.7.1 多智能体问题示意图。存在多个"智能体"，每个智能体 $l = 1, 2, \cdots, m$ 控制自己的决策变量 u_l。在每个阶段，智能体交换新的信息并且也与"环境"交换信息，然后选择它们对这个阶段的决策变量。

为了解释我们的方法，考虑折扣无限时段问题，为了方便下面的讨论，假设每个集合 $U_l(x)$ 是有限的。那么使用基础策略 μ 的标准滚动机制的单步前瞻最小化给定如下

$$\tilde{u} \in \arg \min_{u \in U(x)} E\{g(x, u, w) + \alpha J_\mu(f(x, u, w))\} \tag{3.22}$$

且涉及多达 n^m 项，其中 n 是集合 $U_l(x)$ 的元素的最大数量 [鉴于其笛卡儿积的结构式 (3.21)，于是 n^m 是 $U(x)$ 中的控制的数量的上界]。所以标准的滚动算法在每个阶段需要指数数量 [$O(n^m)$ 阶] 的计算，即使对于 m 的中等取值这也可能是难以承受的。

这一可能相当大的计算上的投入启发了一个在计算上更加高效的滚动算法，其中式 (3.22) 的单步前瞻最小化替换为一系列 m 个序贯最小化，每次一个智能体，并将结果纳入到后续的最小化中。特别地，在状态 x 我们进行如下的一系列最小化

$$\tilde{\mu}_1(x) \in \arg \min_{u_1 \in U_1(x)} E_w\{g(x, u_1, \mu_2(x), \cdots, \mu_m(x), w)$$

$$+ \alpha J_\mu(f(x, u_1, \mu_2(x), \cdots, \mu_m(x), w))\}$$

$$\tilde{\mu}_2(x) \in \arg\min_{u_2 \in U_2(x)} E_w \{ g\left(x, \tilde{\mu}_1(x), u_2, \mu_3(x), \cdots, \mu_m(x), w\right)$$

$$+\alpha J_\mu\left(f\left(x, \tilde{\mu}_1(x), u_2, \mu_3(x), \cdots, \mu_m(x), w\right)\right)\}$$

$$\cdots\cdots$$

$$\tilde{\mu}_m(x) \in \arg\min_{u_m \in U_m(x)} E_w \{ g\left(x, \tilde{\mu}_1(x), \tilde{\mu}_2(x), \cdots, \tilde{\mu}_{m-1}(x), u_m, w\right)$$

$$+\alpha J_\mu\left(f\left(x, \tilde{\mu}_1(x), \tilde{\mu}_2(x), \cdots, \tilde{\mu}_{m-1}(x), u_m, w\right)\right)\}$$

所以每个智能体元素 u_l 通过一个最小化获得,其中之前的智能体元素 $u_1, u_2, \cdots, u_{l-1}$ 固定在滚动策略之前已经计算出来的值,而后续的智能体元素 $u_{l+1}, u_{l+2}, \cdots, u_m$ 的值固定在基础策略给定的值之上。这一算法每个阶段需要 $O(nm)$ 阶的计算量,这比起由标准滚动需要的 $O(n^m)$ 阶的计算量可能是一个巨大的计算量的节省。

这里的关键思想是式 (3.22) 的单步滚动最小化所需的计算量与 $U(x)$ 集合中的控制的数量成正比,且与状态空间的大小独立。这启发了对问题的重新建模,首先在 [BeT96] 一书的 6.1.4 节中指出,其中控制空间复杂性与状态空间复杂性交换,通过"展开"控制 u_k 到其 m 个元素上,然后被每次一个智能体而不是所有智能体同时的方式应用。

特别地,我们可以通过将决策 u_k 分解为 m 个序贯元素的决策重新建模这一问题,于是降低了控制空间的复杂性但是增加了状态空间的复杂性。在包括滚动在内的某些强化学习算法中,计算量不受这些额外的状态复杂性的影响。

到这里为止,我们引入了修订的但是等价的问题,涉及每次一个智能体的控制选择。在通用的状态 x,我们将控制 u 分解为一系列 m 个控制 $u_1, u_2, \cdots, u_m$,在 x 和下一个状态 $\bar{x} = f(x, u, w)$ 之间我们引入人工中间"状态"$(x, u_1), (x, u_1, u_2), \cdots, (x, u_1, u_2, \cdots, u_{m-1})$ 和对应的转移。在"状态"$(x, u_1, u_2, \cdots, u_{m-1})$ 的最后一个控制元素 u_m 的选择按照系统方程标记了到下一个状态 $\bar{x} = f(x, u, w)$ 的转移,同时产生费用 $g(x, u, w)$,见图 3.7.2。

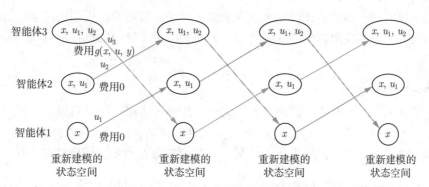

图 3.7.2 对于控制 u 包括 m 个元素 $u_1, u_2, \cdots, u_m$ 的情形的随机最优控制问题的等价建模:
$$u = (u_1, u_2, \cdots, u_m) \in U_1(x_k) \times U_2(x_k) \times \cdots \times U_m(x_k)$$
本图描述了第 k 阶段的转移。从状态 x 开始,我们使用对应的控制 $u_1, \cdots, u_{m-1}$ 生成中间状态
$$(x, u_1), (x_k, u_1, u_2), \cdots, (x, u_1, \cdots, u_{m-1})$$
最终的控制 u_m 将 $(x, u_1, \cdots, u_{m-1})$ 引向 $\bar{x} = f(x, u, w)$,并产生随机费用 $g(x, u, w)$。

显然这一重新建模的问题等价于原问题,因为在一个问题中的控制选择在另一个问题中也是可能的，而且这两个问题的费用结构是相同的。特别地，原问题的每一个策略 $(\mu_1(x), \mu_2(x), \cdots, \mu_m(x))$ 在重新建模的问题中是可接受的，并且对原问题和重新建模的问题具有相同的费用函数。反过来，重新建模后问题的每个策略可以转换为原问题的一个策略，产生相同的状态和控制轨迹，并且具有相同的费用函数。

这一重新建模的问题的控制空间被简化了，代价是引入了 $m-1$ 个额外层的状态和对应的 $m-1$ 个费用函数

$$J^1(x, u_1), J^2(x, u_1, u_2), \cdots, J^{m-1}(x, u_1, \cdots, u_{m-1})$$

这在状态空间上的增加并没有反过来影响滚动的操作，因为式 (3.22) 的最小化在每个阶段只在一个状态上进行。

之前重新建模之后的一个主要的事实是尽管获得了巨大的计算费用的节省，多智能体滚动仍然获得了费用改进：

$$J_{\tilde{\mu}}(x) \leqslant J_\mu(x), \forall x,$$

其中，$J_\mu(x)$ 是基础策略 $\mu = (\mu_1, \mu_2, \cdots, \mu_m)$ 的费用函数，$J_{\tilde{\mu}}(x)$ 是滚动策略 $\tilde{\mu} = (\tilde{\mu}_1, \tilde{\mu}_2, \cdots, \tilde{\mu}_m)$ 的费用函数，均从状态 x 开始。进一步，这一费用改进性质可以推广到多智能体策略迭代机制中，后者每次涉及一个智能体的策略改进操作，而且具有良好的收敛性质（见 [Ber20a] 一书第 3 章和第 5 章，以及作者的论文 [Ber19b]、[Ber19c]、[Ber20b]、[Ber21b] 及 Bhattacharya 等的论文 [BKB20]）。

在之前重新建模之后的另一个事实是多智能体滚动可以被视作应用于对应重新建模后的问题的贝尔曼方程的一步牛顿步，起点为 J_μ。这对于我们本书的目的非常重要。特别地，尽管前瞻最小化的计算量已经通过每次一个智能体最小化显著地降低了，牛顿步的超线性费用改进仍然可以通过多智能体滚动获得。这解释了在论文 [BKB20] 中给出的实验结果，其中展示了在大规模多机器人部分可观马尔可夫决策问题应用中标准滚动与多智能体滚动具有可比的性能。

值得一提的是，多智能体滚动可以变成多种相关的策略迭代机制的起点，后者在涉及多自主决策者的重要应用背景中非常适用于分布式决策（见 [Ber20a] 一书 5.3.4 节和论文 [Ber21b]）。

值空间的多智能体近似

现在考虑图 3.7.2 中的重新建模后的问题，并分析如何在值空间近似中使用单步前瞻最小化、基于基础策略 $\mu = (\mu_1, \mu_2, \cdots, \mu_m)$ 的截断滚动，以及末端费用函数近似 $\tilde{J}$。

在涉及每次一个智能体最小化的机制中，在状态 x 进行如下的序列最小化

$$\tilde{u}_1 \in \arg\min_{u_1 \in U_1(x)} E_w\{g(x, u_1, \mu_2(x), \cdots, \mu_m(x), w)$$

$$+\alpha\tilde{J}(f(x, u_1, \mu_2(x), \cdots, \mu_m(x), w))\}$$

$$\tilde{u}_2 \in \arg\min_{u_2 \in U_2(x)} E_w\{g(x, \tilde{u}_1, u_2, \mu_3(x), \cdots, \mu_m(x), w)$$

$$+\alpha\tilde{J}(f(x, \tilde{u}_1, u_2, \mu_3(x), \cdots, \mu_m(x), w))\}$$

$$\cdots\cdots$$

$$\tilde{u}_m \in \arg\min_{u_m \in U_m(x)} E_w \big\{ g\left(x, \tilde{u}_1, \tilde{u}_2, \cdots, \tilde{u}_{m-1}(x), u_m, w\right)$$

$$+ \alpha \tilde{J}\left(f\left(x, \tilde{u}_1, \tilde{u}_2, \cdots, \tilde{u}_{m-1}, u_m, w\right)\right)\big\}$$

在重新建模后的问题的上下文中，这对应于在重新建模后的问题中的状态 $x, (x, \tilde{u}_0), \cdots,$ $(x, \tilde{\mu}_0, \cdots, \tilde{u}_{m-1})$ 的一系列的单步前瞻最小化，使用基于基础策略 μ 的对应于长度 $m-1$，$m-2, \cdots, 0$ 的截断滚动。3.4 节的牛顿步的解释和图 3.4.4 以及其超线性的收敛速率仍然适用。同时，计算需求显著减少，与之前讨论的多智能体滚动方法类似。

让我们最后指出存在本节的多智能体机制的变形，其中同时涉及多步前瞻最小化和截断滚动。它们通常导致更好的性能，代价是更大的计算费用。

3.8　在线简化策略迭代

在本节我们讨论策略迭代算法的一些变形，在作者最新的论文 [Ber21a] 中引入，这与本书的值空间近似架构一致。这些变形的突出特征是它们涉及精确的牛顿步且适用于在线实现，而仍然保持了我们到目前为止都视为离线算法的策略迭代的主要特征。

所以这一节的算法是在线对弈一类的算法，能够通过在线经验进行自我提升。它们相对于标准的策略迭代进行了两种方式的简化：

（a）它们只对在线运行中碰到的状态进行策略改进操作；

（b）策略改进操作被简化为在当前状态的当前策略的贝尔曼方程中使用近似最小化。

尽管有这些简化，可以证明我们的算法生成了一系列改进的策略，且收敛到具有局部最优性质的一个策略。进一步，通过对策略改进操作的提升，其中涉及某种形式的探索，它们收敛到全局最优策略。

这一启示来自滚动算法，从某个可用的基础策略出发，并且在线实现改进后的滚动策略。在当前章节的算法中，从滚动实现中收集的数据用于在线改进基础策略，并且渐近地获得一个局部或者全局最优的策略。

我们集中关注有限状态折扣马尔可夫决策问题，具有状态 $1, 2, \cdots, n$，使用转移概率的符号。用符号 x 表示状态，用符号 y 表示后继状态。控制、动作标记为 u，并被限制为从给定的有限约束集合 $U(x)$ 中取值，后者可能依赖于当前状态 x。在状态 x 使用控制 u 指定了到达下一个状态 y 的转移概率 $p_{xy}(u)$，以及费用 $g(x, u, y)$。

从状态 x_0 出发的策略 μ 的费用给定为

$$J_\mu(x_0) = \lim_{N \to \infty} E\left\{ \sum_{k=0}^{N-1} \alpha^k g(x_k, \mu(x_k), x_{k+1}) \,|\, x_0, \mu \right\}, x_0 = 1, 2, \cdots, n$$

其中 $\alpha < 1$ 是折扣因子。与之前相同，J_μ 被视作在 n 维欧氏空间 $\Re^n$ 中的向量，元素为 $J_\mu(1), J_\mu(2), \cdots, J_\mu(n)$。

用抽象符号，对于每个策略 μ，贝尔曼算子 T_μ 将向量 $J \in \Re^n$ 映射到向量 $T_\mu J \in \Re^n$，其元素为

$$(T_\mu J)(x) = \sum_{y=1}^n p_{xy}(\mu(x))\left(g(x, \mu(x), y) + \alpha J(y)\right), x = 1, 2, \cdots, n \tag{3.23}$$

贝尔曼算子 $T : \Re^n \mapsto \Re^n$ 给定如下

$$(TJ)(x) = \min_{u \in U(x)} \sum_{y=1}^n p_{xy}(u)\left(g(x, u, y) + \alpha J(y)\right), x = 1, 2, \cdots, n \tag{3.24}$$

众所周知，对于这个问题，算子 T_μ 和 T 是极大范数下的压缩映射（这对于每阶段费用有界的折扣问题通常是成立的 [Ber22a]；在我们的上下文中，状态数量有限，所以每阶段费用有界）。所以 J_μ 是贝尔曼方程 $J = T_\mu J$ 的唯一解，或者等价地

$$J_\mu(x) = \sum_{y=1}^n p_{xy}(\mu(x))\left(g(x, \mu(x), y) + \alpha J_\mu(y)\right), x = 1, 2, \cdots, n \tag{3.25}$$

所以 J^* 是贝尔曼方程 $J = TJ$ 的唯一解，从而

$$J^*(x) = \min_{u \in U(x)} \sum_{y=1}^n p_{xy}(u)\left(g(x, u, y) + \alpha J^*(y)\right), x = 1, 2, \cdots, n \tag{3.26}$$

进一步，下面的最优性条件成立

$$T_\mu J^* = TJ^*, \text{当且仅当 } \mu \text{ 最优} \tag{3.27}$$

$$T_\mu J_\mu = TJ_\mu, \text{当且仅当 } \mu \text{ 最优} \tag{3.28}$$

压缩性质也意味着值迭代算法

$$J^{k+1} = T_\mu J^k, J^{k+1} = TJ^k$$

从任意的起始向量 $J^0 \in \Re^n$ 出发分别生成收敛到 J_μ 和 J^* 的序列 $\{J^k\}$。

正如之前讨论的，在策略迭代算法中，当前策略 μ 通过找到满足

$$T_{\tilde\mu} J_\mu = TJ_\mu$$

的策略 $\tilde\mu$ 来改进自己 [即，通过对所有的 x 最小化式 (3.24) 的右侧并用 J_μ 替代 J]。改进后的策略 $\tilde\mu$ 通过求解 $n \times n$ 个线性系统方程组 $J_{\tilde\mu} = T_{\tilde\mu} J_{\tilde\mu}$ 来评价，然后 $(J_{\tilde\mu}, \tilde\mu)$ 变成了新的费用向量-策略对，后者用于开始新的迭代。所以策略迭代算法从策略 μ^0 开始并按照

$$J_{\mu^k} = T_{\mu^k} J_{\mu^k}, T_{\mu^{k+1}} J_{\mu^k} = TJ_{\mu^k} \tag{3.29}$$

生成序列 $\{\mu^k\}$。

我们现在引入一种策略迭代的在线变形，从 0 时刻的状态-策略对 (x_0, μ^0) 开始在线生成一系列的状态-策略对 (x_k, μ^k)。我们将 x_k 视作在策略 $\mu^1, \mu^2, \cdots$ 的影响之下在线运行的一个系统的当前状态。在我们的算法中，μ^{k+1} 可能仅仅在状态 x_k 之下与 μ^k 不同。控制 $\mu^{k+1}(x_k)$ 和状态 x_{k+1} 按照如下方式生成：

我们考虑 μ^k 的贝尔曼方程的右侧（也称为 μ^k 的 Q 因子）

$$Q_{\mu^k}(x_k, u) = \sum_{y=1}^{n} p_{x_k y}(u) \left(g(x_k, u, y) + \alpha J_{\mu^k}(y) \right) \tag{3.30}$$

从约束集 $U(x_k)$ 中选择控制 $\mu^{k+1}(x_k)$ 并以充分的准确性满足如下的条件

$$Q_{\mu^k}\left(x_k, \mu^{k+1}(x_k) \right) \leqslant J_{\mu^k}(x_k) \tag{3.31}$$

只要可能则上式取严格不等号。[①] 对于 $x \neq x_k$ 策略控制不改变：

$$\mu^{k+1}(x) = \mu^k(x) \forall x \neq x_k$$

下一个状态 x_{k+1} 根据转移概率 $p_{x_k x_{k+1}}\left(\mu^{k+1}(x_k) \right)$ 随机生成。

我们首先展示当前策略是单调改进的，即

$$J_{\mu^{k+1}}(x) \leqslant J_{\mu^k}(x), \forall x, k$$

当 $x = x_k$ 时不等式严格成立（也可能对于 x 的其他值不等式严格成立），其中

$$\min_{u \in U(x_k)} Q_{\mu^k}(x_k, u) < J_{\mu^k}(x_k)$$

为了证明这一点，我们注意到策略更新在式 (3.31) 条件下进行。通过使用 $T_{\mu^{k+1}}$ 的单调性，对所有的 $l \geqslant 1$ 有

$$T_{\mu^{k+1}}^{l+1} J_{\mu^k} \leqslant T_{\mu^{k+1}}^{l} J_{\mu^k} \leqslant J_{\mu^k} \tag{3.33}$$

所以通过当 $l \to \infty$ 时取极限并使用值迭代的收敛性质（对任意的 J 有 $T_{\mu^{k+1}}^{l} J \to J_{\mu^{k+1}}$），我们获得 $J_{\mu^{k+1}} \leqslant J_{\mu^k}$。进一步，算法选择 $\mu^{k+1}(x_k)$ 满足

$$(T_{\mu^{k+1}} J_{\mu^k})(x_k) = Q_{\mu^k}(x_k, u_k) < J_{\mu^k}(x_k)$$

如果

$$\min_{u \in U(x_k)} Q_{\mu^k}(x_k, u) < J_{\mu^k}(x_k)$$

[参见式 (3.32)]，那么通过使用式 (3.33)，我们有 $J_{\mu^{k+1}}(x_k) < J_{\mu^k}(x_k)$。

---

① 对于这一点我们的意思是，如果 $\min\limits_{u \in U(x_k)} Q_{\mu^k}(x_k, u) < J_{\mu^k}(x_k)$，则选择满足

$$Q_{\mu^k}(x_k, u_k) < J_{\mu^k}(x_k) \tag{3.32}$$

的控制 u_k，并且令 $\mu^{k+1}(x_k) = u_k$，否则令 $\mu^{k+1}(x_k) = \mu^k(x_k)$[所以式 (3.31) 被满足]。这样的控制选择可以通过一些机制获得，包括蛮力计算和基于贝叶斯优化的随机搜索。所需要的 Q-因子 Q_{μ^k} 和费用 J_{μ^k} 可以通过包括在线仿真的几种方式获得，具体方式取决于手上的问题。

局部最优性

下面讨论算法的收敛性和最优性质。我们引入策略的局部最优性的定义，其中策略仅在状态的一个子集上最优地选择控制。

给定状态的子集 S 和策略 μ，如果 μ 对这个问题是最优的，其中控制限制为在状态 $x \notin S$ 上取值 $\mu(x)$，且允许在状态 $x \in S$ 上取任意值 $u \in U(x)$，那么我们说 μ 是 S 上局部最优的。

粗略地说，如果 μ 在 S 之内采取最优的动作，但是在（不正确的）假设下一旦系统的状态到达 S 之外的状态 x，将没有 $\mu(x)$ 之外的控制可选，那么 μ 是 S 上局部最优的。所以如果 μ 在 S 之外的选择是差的，其在 S 之内的选择可能也是差的。

数学上，μ 是 S 上局部最优的，如果

$$J_\mu(x) = \min_{u \in U(x)} \sum_{y=1}^{n} p_{xy}(u)\left(g(x,u,y) + \alpha J_\mu(y)\right), \forall x \in S$$

$$J_\mu(x) = \sum_{y=1}^{n} p_{xy}(\mu(x))\left(g(x,\mu(x),y) + \alpha J_\mu(y)\right), \forall x \notin S$$

这可以紧凑地写成

$$(T_\mu J_\mu)(x) = (T J_\mu)(x), \forall x \in S \tag{3.34}$$

注意这与 μ 的（全局）最优性不同，这当且仅当上面的条件对所有的 $x = 1, 2, \cdots, n$ 成立而不是仅对 $x \in S$ 时成立 [参见式 (3.28)]。然而，可以看出（全局）最优策略也是在任意状态子集上的局部最优。

我们的主要收敛性结果如下。

> **命题 3.8.1** 令 $\bar{S}$ 为在序列 $\{x_k\}$ 中无限次重复的状态子集。那么对应的序列 $\{\mu^k\}$ 在有限步收敛到某个策略 $\bar{\mu}$，即对某个指标 $\bar{k}$ 之后所有的 k 有 $\mu^k = \bar{\mu}$。进一步 $\bar{\mu}$ 是 $\bar{S}$ 内的局部最优，而在 $\bar{\mu}$ 控制之下 $\bar{S}$ 是不变的，即
>
> $$p_{xy}(\bar{\mu}(x)) = 0 \qquad \forall x \in \bar{S}, y \notin \bar{S}$$

证明 费用函数序列 $\{J_{\mu^k}\}$ 是单调非减的，正如之前所展示的。进一步，鉴于状态空间和控制空间有限，策略 μ 的数量有限。于是，对应的函数数量也有限，所以 J_{μ^k} 在有限步之内收敛到某个 $\bar{J}$，这从算法的构造视角来看 [如果 $\min_{u \in U(x_k)} Q_{\mu^k}(x_k, u) = J_{\mu^k}(x_k)$ 则选择 $u_k = \mu^k(x_k)$；参见式 (3.32)]，意味着 μ^k 将保持在某个 $\bar{\mu}$ 不变，且满足在某个充分大的 k 之后有 $J_{\bar{\mu}} = \bar{J}$。

我们将证明式 (3.34) 的局部最优性条件对 $S = \bar{S}$ 和 $\mu = \bar{\mu}$ 成立。特别地，对所有大于某个指标的 k 有 $x_k \in \bar{S}$ 和 $\mu^k = \bar{\mu}$，而对每个 $x \in \bar{S}$，对无限多的 k 有 $x_k = x$。于是对所有的 $x \in \bar{S}$ 有

$$Q_{\bar{\mu}}(x, \bar{\mu}(x)) = J_{\bar{\mu}}(x) \tag{3.35}$$

而由算法的压缩性质有

$$Q_{\bar{\mu}}(x,u) \geqslant J_{\bar{\mu}}(x), \forall u \in U(x) \tag{3.36}$$

因为相反关系将意味着对无限多的 k 有 $\mu^{k+1}(x) \neq \mu^k(x)$ [参见式 (3.32)]。式 (3.35) 条件可以写成对所有的 $x \in \bar{S}$ 有 $J_{\bar{\mu}}(x) = (T_{\bar{\mu}}J_{\bar{\mu}})(x)$，与式 (3.36) 结合，意味着

$$(T_{\bar{\mu}}J_{\bar{\mu}})(x) = (TJ_{\bar{\mu}})(x), \forall x \in \bar{S}$$

这是式 (3.34) 的局部最优性条件，满足 $S = \bar{S}$ 和 $\mu = \bar{\mu}$。

为了证明 $\bar{S}$ 在 $\bar{\mu}$ 之下是不变的，我们用反证法分析：如果这不成立，那么将存在一个状态 $x \in \bar{S}$ 和一个状态 $y \notin \bar{S}$ 满足 $p_{xy}(\bar{\mu}(x)) > 0$，这意味着 y 将在 x 之后在序列 $\{x_k\}$ 中无限次出现，于是 y 必然属于 $\bar{S}$（由 $\bar{S}$ 的定义）。证毕。

注意在之前的命题中展示了集合 $\bar{S}$ 的不变形。在对每一个策略都不存在任何不变的严格状态子集的假设条件下，我们有 $\bar{\mu}$ 是（全局）最优的。

全局最优性的反例

下面的确定性例子（由 Yuchao Li 提供）展示了由上述算法获得的策略 $\bar{\mu}$ 未必是（全局）最优的。这里存在三个状态 1，2 和 3。从状态 1 我们可以以费用 1 前往状态 2，以费用 0 前往状态 3，从状态 2 我们可以以费用 0 分别前往状态 1 和 3，从状态 3 我们可以以费用 0 前往状态 2，或者以高的费用（比如 10）保持在状态 3。折扣因子是 $\alpha = 0.9$。那么可以验证最优策略是

$$\mu^*(x)：前往 3, \mu^*(2)：前往 3, \mu^*(3)：前往 2$$

最优费用是

$$J^*(1) = J^*(2) = J^*(3) = 0$$

而策略

$$\bar{\mu}(1)：前往 2, \bar{\mu}(2)：前往 1, \bar{\mu}(3)：保持在 3$$

是严格次优的，但是在状态集合 $\bar{S} = \{1,2\}$ 上是局部最优的。进一步，我们的在线策略迭代算法，从状态 1 和策略 $\mu^0 = \bar{\mu}$ 开始，在状态 1 和 2 之间振荡，而不改变策略 μ^0。也注意 $\bar{S}$ 在 $\bar{\mu}$ 之下是不变的，与命题 3.8.1 一致。

具有全局最优性质的策略迭代的在线变形

为了处理由前面例子展示的局部和全局收敛性的问题，我们考虑一种替代机制，其中在 u_k 之外，我们在随机选中的状态 $\bar{x}_k \neq x_k$ 产生一个额外的控制。[①]特别地，假设在每个时刻 k，在按照式 (3.32) 生成的 u_k 和 x_{k+1} 之外，算法随机地生成另一个状态 $\bar{x}_k$（所有的状态依正概率被选中），也在那个状态进行一次策略改进的操作，并且相应的修改 $\mu^{k+1}(\bar{x}_k)$。那么，在所生成的序列 $\{x_k\}$ 中的每个状态进行策略改进操作之外，在随机生成的序列 $\{\bar{x}\}$ 中的每一个状态上存在额外的策略改进操作。

---

① 也可能在 k 时刻对于一个策略改进操作选择多个额外的状态，这非常适合于并行计算。

因为选择 $\bar{x}_k$ 的随机机制，于是有在每个状态将有无限多次的策略改进，这意味着最终获得的策略 $\bar{\mu}$ 是（全局）最优的。也注意到我们可以将序列 $\{\bar{x}_k\}$ 随机生成的过程视作某种形式的探索。产生随机序列 $\{\bar{x}_k\}$ 的概率机制可以受某种启发式推理指引，其旨在探索费用改进潜力高的状态。

需要提到上面描述的算法的近似实现的可能性。特别地，我们可以从某个基础策略开始，该基础策略可以周期性的使用某种策略空间近似机制进行更新，而融入目前为止生成的策略改进数据。只要最近的策略改进的结果对于在过去碰到的状态得以保持，那么上面描述的收敛结果也将被保持。

最后，请注意本节的在线策略迭代的思想，可被推广到值空间近似过程的在线改进的更广的算法场景中。特别地，我们可以考虑用通过某个离线训练过程获得的费用函数近似 $\tilde{J}$ 开始在线对弈算法。然后可以尝试通过在线经验逐渐提升 $\tilde{J}$ 的质量。例如，可以通过某种形式的机器学习或者贝叶斯优化方法构造，这些方法能够使用在线对弈过程中获得的数据进行改进。按这一思路存在许多可能性，这是一个丰硕的研究领域，特别是在某些特定的应用领域中。

3.9 例外情形

现在让我们考虑例外行为出现的情形。一种这样的情形是当贝尔曼方程 $J = TJ$ 有多个解的时候。那么，当值迭代算法从一个这样的解开始的时候，将停留在那个解。更一般地，即使当值迭代算法从看起来较好的初始条件开始时，可能不清楚是否收敛到 J^*。其他类型的例外行为也可能出现，包括贝尔曼方程在实值函数集合中没有解的情形。最不寻常的情形是当 J^* 是实值但是不满足贝尔曼方程 $J = TJ$，后者反而有其他的实值解；见 [BeY16] 和 [Ber22a]3.1 节。这是高度不寻常的现象，将不在这里讨论。这并不需要在实际中考虑，因为这仅在人工构造的例子中出现；见 [BeY16]。它仍然展示了令人惊讶的例外情形，这些应该在理论分析和计算研究中考虑。

本节提供一些例子解释可能在无限时段动态规划中出现例外行为的机制，我们强调当在非折扣情形（其中贝尔曼算子是压缩映射）使用时，对强化学习方法需要进行严格分析。对于处理不寻常行为的进一步的讨论和分析，包括半压缩和非压缩动态规划，我们推荐作者的抽象动态规划专著 [Ber22a]。

勒索者困境

这是一个涉及勒索者利润最大化的经典例子。我们将其建模成涉及费用最小化的随机最短路问题，在终止状态 t 之外，具有单个状态 $x = 1$。当受害者配合时，我们在状态 1，当受害者拒绝屈服于勒索者要求时，我们在状态 t（拒绝是永久的，即一旦勒索者的要求被拒绝，所有后续的要求都假设被拒绝，所以 t 是一个终止状态）。在状态 1 我们可以选择控制 $u \in (0,1]$，对此我们视作勒索者给出的要求。问题是如何找到勒索者的策略以最大化其期望总收益。

为了将这个问题建模为最小化问题，我们将用 $(-u)$ 作为每阶段的费用。特别地，在选择 $u \in (0,1]$ 时，我们以概率 u^2 移动到状态 t，并以概率 $1 - u^2$ 保持在状态 1，见图 3.9.1。这里的思想是最优化勒索者增加要求（大的 u）的欲望并保持他的受害者配合（小的 u），在二者之间做好平衡。

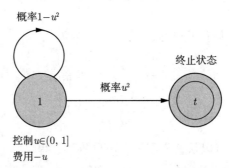

图 3.9.1　勒索者问题的转移图。在状态 1，勒索者可以要求任意数值 $u \in (0,1]$。受害者将以概率 $1 - u^2$ 服从，以概率 u^2 不服从，此时过程将终止。

为了简化符号，分别将 $J(1)$ 和 $\mu(1)$ 简化为 J 和 μ。那么从抽象动态规划的视角，我们有 $X = \{1\}, U = (0,1]$，对每个平稳策略 μ，对应的限制到状态 1 的贝尔曼算子 T_μ，给定为

$$T_\mu J = -\mu + (1 - \mu^2) J \tag{3.37}$$

[在状态 t，$J_\mu = 0$]。显然 T_μ 是线性的，将实轴 $\Re$ 映射到自身，且是模为 $1 - \mu^2$ 的压缩映射。其在 $\Re$ 内的唯一不动点，J_μ，是如下解

$$J_\mu = T_\mu J_\mu = -\mu + (1 - \mu^2) J_\mu$$

这获得

$$J_\mu = -\frac{1}{\mu}$$

见图 3.9.2。这里所有的策略是稳定的且以概率 1 渐近地引向 t，J_μ 在 $\mu \in (0,1]$ 上的极小值是 $-\infty$，也意味着 $J^* = -\infty$。然而，没有最优策略。

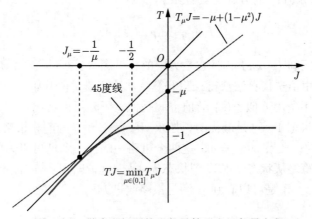

图 3.9.2　勒索者问题的贝尔曼算子和贝尔曼方程

贝尔曼算子 T 给定如下

$$TJ = \min_{0 < u \leqslant 1} \left\{ -u + (1 - u^2)J \right\}$$

这在一些计算后可以证明具有如下形式

$$TJ = \begin{cases} -1 & \text{对于} -\frac{1}{2} \leqslant J \\ J + \dfrac{1}{4J} & \text{对于} J \leqslant -\dfrac{1}{2} \end{cases}$$

T 的形式示于图 3.9.2 中。可以从这张图中看出贝尔曼方程 $J = TJ$ 没有实值解（最优费用 $J^* = -\infty$ 是一个位于扩展实数集合 $[-\infty, \infty]$ 中的解）。进一步从任意 $J \in \Re$ 开始值迭代算法将收敛到 J^*。也可以验证从任意策略 $\mu^0 \in (0,1]$ 出发，策略迭代算法产生不断改进的策略序列 $\{\mu^k\}$ 满足 $\mu^{k+1} = \mu^k/2$。所以 μ^k 收敛到 0，这不是可行策略。而且 $J_{\mu^k} = -1/\mu^k$，我们有 $J_{\mu^k} \downarrow -\infty = J^*$，所以策略迭代算法在极限时给出无限最优费用。对于与勒索者问题有关的其他例子和讨论，见 [Ber22a]3.1 节。

最短路问题

另一种特殊类型的例子是包括零长度的环的最短路问题；见学术专著 [Ber22a]3.1 节。在这个情形中贝尔曼方程存在无限多的解，值迭代和策略迭代算法，以及在值空间的近似的过程表现出不寻常的行为。我们用一个最短路问题展示这一点，其中在免费的终止状态 t 之外只有单个状态，记为 1。

特别地，令 $X = \{t, 1\}$，假设在状态 1 有两个选项：可以用费用 0 停留在 1，或者以费用 1 移动到 t。这里 $J^*(t) = J^*(1) = 0$，只有两个策略，对应于状态 1 下的两个选择且是稳定的。从状态 1 开始的最优策略是停留在 1。如果我们将注意力限制在满足 $J(t) = 0$ 的费用函数 J，则贝尔曼算子是

$$(TJ)(1) = \min\{J(1), 1\}$$

且贝尔曼方程（写成 $J(1)$ 的方程）具有如下形式

$$J(1) = \min\{J(1), 1\}$$

这一方程的解集是区间 $(-\infty, 1]$，且它是无限的，见图 3.9.3。最优值 $J^*(1) = 0$ 位于这个集合的内部，不能由值迭代算法获得，除非算法从这个最优值开始。

让我们考虑采用费用近似 $\tilde{J}(1)$ 的值空间近似。于是可以看出，如果 $\tilde{J}(1) < 1$，单步前瞻策略是停留在状态 1，这是最优的；如果 $\tilde{J}(x) > 1$，单步前瞻策略是从状态 1 移动到状态 t，这是次优的；如果 $\tilde{J}(1) = 1$，这两个策略中的任一个均可以为单步前瞻策略。

也需要考虑该策略从状态 1 移动到状态 t。从次优策略 μ 开始的策略迭代算法，那么 $J_\mu(t) = 0, J_\mu(1) = 1$，于是可以看到 μ 满足策略改进方程

$$\mu(1) \in \arg\min\{J_\mu(1), 1 + J_\mu(t)\}$$

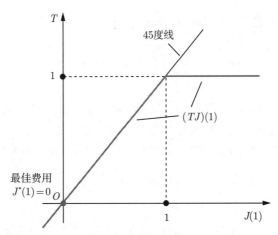

图 3.9.3　在存在零长度环的特殊情形中最短路问题的贝尔曼方程的示意图。当限制在 $J(t) = 0$ 的 J 的集合中，贝尔曼算子的形式为

$$(TJ)(1) = \min\{J(1), 1\}$$

贝尔曼方程的解集，$J(1) = (TJ)(1)$ 为区间 $(-\infty, 1]$ 并在其内部包括 $J^*(1) = 0$。

（这对于保持在状态 1 的最优策略也成立）。所以 PI 算法可能停止在次优策略 μ。

每阶段费用有限的折扣费用问题，最常被讨论且表现良好，其中所有策略 μ 的映射 T_μ 具有良好的压缩性质。一旦离开这类问题，那么在马尔可夫决策中就经常出现不寻常的行为。进一步，从控制与决策中出现的问题，例如那些已经用模型预测控制处理的问题，经常出现不寻常的行为。可以期待进一步的研究和计算实验为求解这类问题提供指引。

当贝尔曼算子既非凹也非凸时会发生什么？——马尔可夫博弈

在我们目前已经讨论的动态规划模型中，贝尔曼算子具有凹性。另一方面存在这一点并不成立的有趣的动态规划模型。这里一种重要的情形是折扣马尔可夫博弈，一种具有动态马尔可夫链结构的零和博弈。

考虑两个玩家在无限多阶段上使用混合策略重复玩一个矩阵博弈的问题。这个游戏在给定的阶段由一个状态 x 定义，后者从有限集合 X 中取值，从一个阶段到下一个阶段按照马尔可夫链确定的方式变化，该马尔可夫链的转移概率受玩家的选择影响。在每个阶段和状态 $x \in X$，最小化者从 n 个可能的选择 $i = 1, 2, \cdots, n$ 中选择一个概率分布 $u = (u_1, u_2, \cdots, u_n)$，最大化者从 m 个可能的选择 $j = 1, 2, \cdots, m$ 中选择一个概率分布 $v = (v_1, v_2, \cdots, v_m)$。如果最小化者选择 i 而最大化者选择 j，这个阶段的回报是 $a_{ij}(x)$ 且取决于状态 x。所以这个阶段的期望回报是 $\sum_{i,j} a_{ij}(x) u_i v_j$ 或者 $u'A(x)v$，其中 $A(x)$ 是 $n \times m$ 的矩阵，元素为 $a_{ij}(x)$（u 和 v 被视作列向量，撇号表示转置）。两个玩家根据对状态 x 的知识选择 u 和 v，所以它们被视作使用策略 μ 和 ν，其中 $\mu(x)$ 和 $\nu(x)$ 分别是最小化者和最大化者在状态 x 的选择。

状态按照转移概率 $q_{xy}(i,j)$ 进行演化，其中 i 和 j 分别是由最小化者和最大化者选择的走子（这里 y 表示在由 x 表示的棋局之下选定走子 i 和 j 之后的下一个状态和棋局）。

当状态为 x，在 u 和 v 之下，状态转移概率为

$$p_{xy}(u,v) = \sum_{i=1}^{n} \sum_{j=1}^{m} u_i v_j q_{xy}(i,j) = u' Q_{xy} v$$

其中，Q_{xy} 是 $n \times m$ 的矩阵，元素为 $q_{xy}(i,j)$。收益的折扣因子是 $\alpha \in (0,1)$，最小化者和最大化者的目标分别是最小化和最大化总折扣期望收益。

Shapley 证明了 [Sha53] 这个问题可以被建模成涉及如下映射 H 的不动点问题

$$H(x,u,v,J) = u'A(x)v + \alpha \sum_{y \in X} p_{xy}(u,v) J(y)$$

$$= u' \left(A(x) + \alpha \sum_{y \in X} Q_{xy} J(y) \right) v \tag{3.38}$$

其对应的贝尔曼算子为

$$(TJ)(x) = \min_{u \in U} \max_{v \in V} H(x,u,v,J), \forall x \in X \tag{3.39}$$

可以验证 T 是未知权极大模压缩的，其唯一不动点 J^* 满足贝尔曼方程 $J^* = TJ^*$。

注意，因为定义式 (3.38) 中映射 H 的矩阵

$$A(x) + \alpha \sum_{y \in X} Q_{xy} J(y)$$

与 u 和 v 独立，我们可以将 $J^*(x)$ 视作依赖于 x 的静态的（非序贯的）矩阵博弈的值。特别地，从矩阵博弈的基本鞍点定理，我们有

$$\min_{u \in U} \max_{v \in V} H(x,u,v,J^*) = \max_{v \in V} \min_{u \in U} H(x,u,v,J^*), \forall x \in X \tag{3.40}$$

Shapley 的论文 [Sha53] 也证明了通过求解静态鞍点问题式 (3.40) 获得的策略对应于混合策略空间的序贯博弈的鞍点。所以一旦我们找到作为 T 的映射的不动点 J^* [参见式 (3.39)]，就可以通过求解式 (3.40) 的矩阵博弈获得最小化者和最大化者策略的平衡点策略。进一步，可以通过对于最小化者-最大化者的一个策略对 (μ, ν) 定义的算子 $T_{\mu,\nu}$ 来定义 T，

$$(T_{\mu,\nu} J)(x) = H(x, \mu(x), \nu(x), J), \forall x \in X \tag{3.41}$$

特别地，T 可以通过按如下方式应用于算子 $T_{\mu,\nu}$ 的极小化极大运算来定义

$$(TJ)(x) = \min_{\mu \in \mathcal{M}} \max_{\nu \in \mathcal{N}} (T_{\mu,\nu} J)(x), \forall x \in X$$

其中 $\mathcal{M}$ 和 $\mathcal{N}$ 分别是最小化者和最大化者的策略集合。

另一方面，贝尔曼算子元素 $(TJ)(x)$ 可能既不是凸的也不是凹的。特别地，最大化如下函数

$$\max_{v \in V} H(x,u,v,J)$$

它是 x 的凸函数（对于每个固定的 $u \in U$），而后续在 $u \in U$ 上的最小化倾向于为 $(TJ)(x)$ 引入凹的"片"。于是应用 PI 的思想和对应的牛顿法来找到 T 的不动点是可能的，事实上这已经由 Pollatschek 和 Avi-Itzhak[PoA69] 提出。然而，这一算法未必收敛到最优解且可能不能获得 T 的不动点 J^*（除非该起点充分接近 J^*，正如已经在论文 [PoA69] 中指出的）。这一现象背后的机制可以在图 3.9.4 中解释。事实上 van der Wal[Van78] 已给出一个两状态的例子，其中 PI 算法/牛顿法不收敛到 J^*。之前的马尔可夫链讨论是更广的针对抽象极小化极大问题和马尔可夫博弈问题的讨论的一部分，后者在作者最近的论文 [Ber21c] 中给出。特别地，这一论文提出了相关的精确和近似 PI 方法，纠正了图 3.9.4 中展示的例外行为。

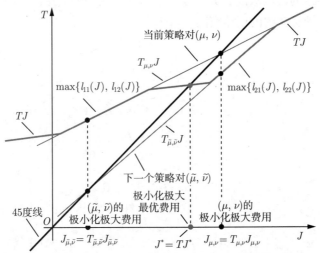

图 3.9.4　在终止状态 t 之外仅涉及单个状态的马尔可夫博弈情形中策略迭代算法/牛顿法的示意图。我们有 $J^*(t) = 0$ 且对所有满足 $J(t) = 0$ 的 J 有 $(TJ)(t) = 0$，以至于算子 T 可以图示化地被表示为对应于非终止状态的仅仅一维（标记为 J）。这易于可视化 T 并从几何上解释为何牛顿法不收敛。因为马尔可夫博弈的算子 T 可能既非凸也非凹，算法可能在 (μ, ν) 和 $\tilde{\mu}, \tilde{\nu}$ 之间循环。相比之下在（单玩家）有限状态马尔可夫决策问题中，$(TJ)(x)$ 是分片线性且凹的，策略迭代算法在有限次迭代内收敛。

本图展示了如下形式的算子 T

$$TJ = \min\{\max\{l_{11}(J), l_{12}(J)\}, \max\{l_{21}(J), l_{22}(J)\}\}$$

其中，$l_{ij}(J)$ 是 J 的线性函数，对应于最小化者的选择 $i = 1, 2$ 和最大化者的选择 $j = 1, 2$，所以 TJ 是如下凸函数

$$\max\{l_{11}(J), l_{12}(J)\} \text{和} \max\{l_{21}(J), l_{22}(J)\}$$

的最小值，如图所示。牛顿法在当前迭代线性化 TJ[即，用四个线性函数 $l_{ij}(J), i = 1, 2, j = 1, 2$ 中之一替换 TJ（在当前迭代达到上述最大值中最小的那一个）] 并通过求解对应的线性不动点问题来获得下一个迭代。本图展示了当策略迭代算法/牛顿法在两对策略 (μ, ν) 和 $(\tilde{\mu}, \tilde{\nu})$ 之间振荡的情形。

3.10　注释与参考文献

作者的抽象动态规划专著 [Ber22a]（最初出版于 2013 年，再版于 2018 年，第三版出版于 2022 年）为牛顿步的解释及可视化提供了框架，我们已使用这一框架获得了对值空间近似、滚动和策略迭代的深刻洞察。这一抽象框架旨在为总费用序贯决策问题的核心理

论和算法提供统一推导，并且通过使用抽象动态规划算子（或贝尔曼算子，正如其经常在强化学习中的叫法）同时处理随机、极小化极大、博弈、风险敏感以及其他动态规划问题。这里的思想是通过抽象获得启示。特别地，一个动态规划模型的结构编码在其抽象贝尔曼算子中，后者作为该模型的"数学签名"。这一算子的特征（例如单调性和压缩性）在很大程度上确定了可用于那个模型的解析结果和计算算法。

通过抽象也抓住了动态规划方法论的一般性。特别地，我们的基于牛顿法的概念框架适用于具有一般状态和控制空间的问题，从传统上作为模型预测控制关注点的连续空间控制问题，到传统上作为运筹以及强化学习关注点的马尔可夫决策问题，再到传统上作为整数规划和组合优化关注点的离散优化问题。这一点上的一条关键数学事实是：尽管状态和控制空间可能是连续的或离散的，贝尔曼算子和方程总是定义在连续函数空间上，于是适合通过使用包括牛顿法在内的连续空间算法求解。

第 4 章 线性二次型情形——例证

在这一章，我们将基于线性二次型问题图示化地展示到目前为止建立的次优控制思想的启示。这是可能的，因为线性二次型问题具有闭式解。我们的讨论适用于多维线性二次型问题（参见例 2.1.1），但是我们将集中在一维情形以图示化地展示在值空间近似的思想以及与牛顿法的联系。

特别地，贯穿本章我们将考虑如下系统

$$x_{k+1} = ax_k + bu_k$$

和费用函数

$$\sum_{k=0}^{\infty} \left(qx_k^2 + ru_k^2 \right)$$

其中 a, b, q, r 是标量且满足 $b \neq 0, q > 0, r > 0$。可以用计算的方式验证（也通过一些分析）从一维情形获得的启发对于多维情形的线性二次型问题一般也成立，其中状态费用权重矩阵 Q 是正定的。在 4.8 节中我们将看到在 $q = 0$ 的例外情形下将发生什么。

4.1   最优解

对于例 2.1.1 中的线性二次型问题的多维情形可以给出最优解。对于这里考虑的单维情形，最优的费用函数具有如下形式

$$J^*(x) = K^* x^2 \tag{4.1}$$

其中标量 K^* 是如下形式的不动点方程的解

$$K = F(K) \tag{4.2}$$

其中 F 的定义为

$$F(K) = \frac{a^2 rK}{r + b^2 K} + q \tag{4.3}$$

这是黎卡提方程，等价于限制在形式为 $J(x) = Kx^2$ 的二次函数的子空间的贝尔曼方程 $J = TJ$，见图 4.1.1。本质上，通过将贝尔曼算子 T 替换为式 (4.3) 的黎卡提方程算子 F，我们可以在这一子空间上分析 T 的行为。这允许使用一种与我们之前所见不同的可视化。

对应于最优费用函数 J^* 的标量 K^* [参见式 (4.1)] 是式 (4.2) 黎卡提方程在非负实轴上的唯一解。这一方程有另一个解，在图 4.1.1 中记为 $\bar{K}$，位于负实轴上，于是对我们没有意义。最优策略是状态的线性函数，形式为

$$\mu^*(x) = L^* x$$

其中 L^* 是标量，给定如下

$$L^* = -\frac{abK^*}{r + b^2 K^*} \tag{4.4}$$

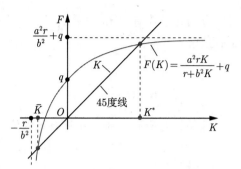

图 4.1.1 线性二次型问题式 (4.2)∼ 式 (4.3) 的黎卡提方程解的图示化构造。最优费用函数是 $J^*(x) = K^* x^2$，其中标量 K^* 是不动点方程 $K = F(K)$ 的解，F 为如下给定的函数

$$F(K) = \frac{a^2 r K}{r + b^2 K} + q$$

因为 F 在区间 $(-r/b^2, \infty)$ 上是凹的且单调增大，且随着 $K \to \infty$ 时"展平"，如图所示，二次黎卡提方程 $K = F(K)$ 有一个正解 K^* 和一个负解，记为 $\bar{K}$。

4.2 稳定线性策略的费用函数

假设我们给定了如下形式的线性策略

$$\mu(x) = Lx$$

其中 L 是标量。对应的闭环系统是

$$x_{k+1} = (a + bL)x_k = (a + bL)^k x_0$$

费用 $J_\mu(x_0)$ 按如下方式计算

$$\sum_{k=0}^{\infty} \left(q(a+bL)^{2k} x_0^2 + rL^2(a+bL)^{2k} x_0^2 \right) = \lim_{N \to \infty} \sum_{k=0}^{N-1} (q + rL^2)(a+bL)^{2k} x_0^2$$

假设 $|a + bL| < 1$，即闭环系统是稳定的，则对每个初始状态，x 通过上面的求和可获得

$$J_\mu(x) = K_L x^2$$

其中

$$K_L = \frac{q + rL^2}{1 - (a + bL)^2} \tag{4.5}$$

如果另一方面 $|a+bL| \geqslant 1$，即闭环系统不稳定，则这一求和对所有 $x_0 \neq 0$ 获得 $J_\mu(x_0) = \infty$。

通过直接的计算可以验证 K_L 是如下线性方程的唯一解

$$K = F_L(K) \tag{4.6}$$

其中

$$F_L(K) = (a+bL)^2 K + q + rL^2 \tag{4.7}$$

见图 4.1.2。再一次，通过将稳定策略 $\mu(x) = Lx$ 的贝尔曼算子 T_μ 替换为黎卡提方程算子 F_L，我们可以分析 T_μ 在二次函数 $J(x) = Kx^2$ 的子空间上的行为。注意当 $|a + bL| > 1$

时，μ 是不稳定的，我们对所有的 $x \neq 0$ 有 $J_\mu(x) = \infty$，且 F_L 的图与 45 度线相交于负的 K。那么方程 $K = F_L(K)$ 有负解

$$\frac{q + rL^2}{1 - (a + bL)^2}$$

但是这个解与费用函数 $J_\mu(\cdot)$ 无关，对所有的 $x \neq 0$ 具有无限值。

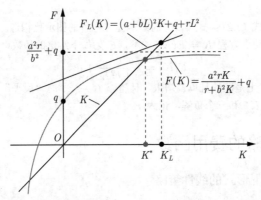

图 4.2.1 一个稳定的线性策略 $\mu(x) = Lx$，即 $|a + bL| < 1$ 的费用函数的构造示意图。费用函数 $J_\mu(x)$ 的形式为 $J_\mu(x) = K_L x^2$，其中 K_L 是线性方程 $K = F_L(K)$ 的唯一解，且
$$F_L(K) = (a + bL)^2 K + q + rL^2$$
是对应于 L 的黎卡提方程算子。如果 μ 不稳定，我们对所有的 $x \neq 0$ 有 $J_\mu(x) = \infty$。

我们在下面的表格中总结黎卡提方程公式以及 $\mu(x) = Lx$ 形式的线性策略与它们的二次费用函数之间的关系：

一维问题的黎卡提方程公式

最小化的黎卡提方程 [参见式 (4.2) 和式 (4.3)]

$$K = F(K), \qquad F(K) = \frac{a^2 rK}{r + b^2 K} + q$$

线性稳定策略 $\mu(x) = Lx$ **的黎卡提方程** [参见式 (4.6) 和式 (4.7)]

$$K = F_L(K), \qquad F_L(K) = (a + bL)^2 K + q + rL^2$$

与 K 关联的前瞻线性策略的增益 L_K [参见式 (4.4)]

$$L_K = -\frac{abK}{r + b^2 K}$$

线性策略 $\mu(x) = Lx$ 的费用系数 K_L [参见式 (4.5)]

$$K_L = \frac{q + rL^2}{1 - (a + bL)^2}$$

这一章的一维问题对于几何解释是非常适合的，例如我们在前一章中给出的那样，因为在值空间的近似和 VI、滚动、PI 算法，涉及二次费用函数 $J(x) = Kx^2$，这可以用一维图表示为数字 K 的函数。特别地，贝尔曼方程可以替代为式 (4.3) 的黎卡提方程。类似地，在第 3 章中使用单步和多步前瞻的值空间的近似图、稳定域图，滚动与 PI 图，可以表示为一维图。我们下面将给出这些图并获得对应的几何解释。注意，我们的讨论定性地适用于多维线性二次型问题，且可以在很大程度上通过分析来验证，但是只有当系统是一维时才有可能绘出有效的几何示意图。

4.3 值迭代

一维线性二次型问题的 VI 算法示于图 4.3.1 中。它的形式为

$$K_{k+1} = F(K_k)$$

参见例 2.1.1。正如可以从图中看到的，从区间 $(\bar{K}, \infty)$ 中的任意一点开始的算法收敛到 K^*，其中 $\bar{K}$ 是负解。特别地，从任意非负取值 K 开始的算法收敛到 K^*。

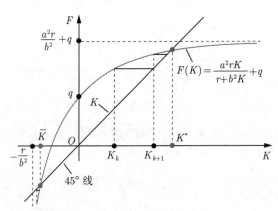

图 4.3.1　线性二次型问题的值迭代的图示。其形式为 $K_{k+1} = F(K_k)$，其中

$$F(K) = \frac{a^2 rK}{r + b^2 K} + q$$

这本质上等价于具有二次起始函数

$$J_0(x) = K_0 x^2$$

的 VI 算法。该算法从区间 $(\bar{K}, \infty)$ 中的任一点开始均收敛到 K^*，其中 $\bar{K}$ 是负解，如图所示。从满足

$$-\frac{r}{b^2} < K_0 \leqslant \bar{K}$$

的 K_0 开始，该算法收敛到负解 $\bar{K}$。当

$$K_0 \leqslant -\frac{r}{b^2}$$

我们对所有 x 有 $(TJ_0)(x) = -\infty$，且该算法无定义。

有趣的是，从满足 $K_0 \leqslant \bar{K}$ 的 K_0 开始，算法并不收敛到最优的 K^*。从图 4.3.1 中可以看出如果

$$-\frac{r}{b^2} < K_0 \leqslant \bar{K}$$

它收敛到负解 $\bar{K}$。阈值 $-r/b^2$ 是左边的渐近值，在这里 $F(K)$ 下降到 $-\infty$。当

$$K_0 \leqslant -\frac{r}{b^2}$$

对于对应的函数 $J_0(x) = K_0 x^2$，我们对所有的 x 有 $(TJ_0)(x) = -\infty$，此时算法并没有良好定义。线性二次型的文献通常假设黎卡提方程的迭代求解从非负的 K_0 开始，因为选择负的起点 K_0 没有任何道理：这将让算法的收敛变慢且没有任何明显的好处。

4.4 单步和多步前瞻——牛顿步的解释

在这一节，我们考虑具有二次末端费用函数 $\tilde{J}(x) = \tilde{K}x^2$ 的值空间近似；参见图 4.4.1。我们将用 $\tilde{K}$ 表示对应的单步前瞻策略 $\tilde{\mu}$ 的费用函数 $J_{\tilde{\mu}}$（假设 $\tilde{K}$ 属于稳定域），并证明从 $\tilde{J}$ 到 $J_{\tilde{\mu}}$ 的变化等价于从 $\tilde{K}$ 开始求解黎卡提方程的牛顿步。

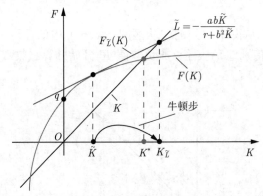

图 4.4.1　对线性二次型问题采用单步前瞻的值空间近似的示意图。给定末端费用近似 $\tilde{J} = \tilde{K}x^2$，使用所示的牛顿步，我们可计算出对应的线性策略 $\tilde{\mu}(x) = \tilde{L}x$，其中

$$\tilde{L} = -\frac{ab\tilde{K}}{r + b^2\tilde{K}}$$

其对应的费用函数是 $K_{\tilde{L}}x^2$。

特别地，对于线性二次型问题，单步前瞻策略给定如下

$$\tilde{\mu}(x) \in \arg\ \min_u [qx^2 + ru^2 + \tilde{K}(ax + bu)^2]$$

再通过直接的计算可以获得

$$\tilde{\mu}(x) = \tilde{L}x$$

其中的线性策略系数为

$$\tilde{L} = -\frac{ab\tilde{K}}{r + b^2\tilde{K}}$$

然而注意，如果 $|a + b\tilde{L}| \geqslant 1$，或者等价地，如果

$$\left| a - \frac{ab^2\tilde{K}}{r + b^2\tilde{K}} \right| \geqslant 1$$

那么这个策略将不稳定。

我们也将构造函数 F 在 $\tilde{K}$ 的线性化，并用牛顿步求解对应的线性化问题，如图 4.4.1 所示。可以类似解释 l 步前瞻最小化的情形。我们与其在 $\tilde{K}$ 处线性化 F，不如在 $K_{l-1} = F^{l-1}(\tilde{K})$ 处线性化 F，即，从 $\tilde{K}$ 开始连续 $l-1$ 次应用 F 的结果处线性化。图 4.4.2 描述了 $l=2$ 的情形。

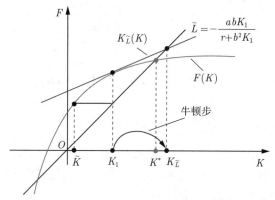

图 4.4.2 对线性二次型问题采用两步前瞻的值空间近似的示意图。从末端费用近似 $\tilde{J} = \tilde{K}x^2$ 开始，用单次值迭代获得 K_1。然后用所示的牛顿步计算对应的线性策略 $\tilde{\mu}(x) = \tilde{L}x$，其中

$$\tilde{L} = -\frac{abK_1}{r + b^2 K_1}$$

对应的费用函数为 $K_{\tilde{L}}x^2$。

我们接下来将讨论牛顿步视角的解释，这一解释将获得一条经典的二次收敛速率的结论：存在一个包含 K^* 的开区间和常数 $c>0$ 满足对所有开区间中的 $\tilde{K}$ 有

$$|K_{\tilde{L}} - K^*| \leqslant c|\tilde{K} - K^*|^2 \tag{4.8}$$

其中 $\tilde{L}$ 对应于在值空间近似中使用单步前瞻和末端费用近似 $\tilde{J}(x) = \tilde{K}x^2$ 获得的策略，所以有

$$\tilde{L} = -\frac{ab\tilde{K}}{r + b^2\tilde{K}} \tag{4.9}$$

和

$$K_{\tilde{L}} = \frac{q + r\tilde{L}^2}{1 - (a + b\tilde{L})^2} \tag{4.10}$$

图 4.4.2 也建议了由黎卡提方程的凹性获得的另一个结论，即如果 $\hat{K}$ 是严格位于稳定域内的标量，即

$$\left| a - \frac{ab^2\bar{K}}{r + b^2\bar{K}} \right| < 1$$

那么存在常数 $c>0$ 使式 (4.8) 对所有的 $\tilde{K} \geqslant \bar{K}$ 都成立。这一结论将不在这里证明，但可由牛顿法的收敛分析获得，示于附录中。

我们下面将通过与牛顿法的联系证明式 (4.8) 的二次收敛速率估计，即，通过证明 $K_{\tilde{L}}$ 是从 $\tilde{K}$ 开始求解黎卡提方程 $K = F(K)$ 的牛顿步的结果。

前瞻策略的费用函数——从牛顿法的视角

我们将对式 (4.3) 的黎卡提方程的解应用牛顿法，写为如下形式

$$H(K) = 0$$

其中

$$H(K) = K - \frac{a^2 r K}{r + b^2 K} - q \tag{4.11}$$

牛顿法的经典形式为

$$K_{k+1} = K_k - \left(\frac{\partial H(K_k)}{\partial K} \right)^{-1} H(K_k) \tag{4.12}$$

其中 $\frac{\partial H(K_k)}{\partial K}$ 是 H 的导数在当前迭代 K_k 处的取值。

我们将证明从 K 开始生成 K_L 的操作是式 (4.12) 形式的牛顿迭代（一种替代方式是用图示化方法论证，见图 3.2.1）。特别地，我们将证明（通过省略上波浪线以简化符号）对所有导向稳定单步前瞻策略的 K，有

$$K_L = K - \left(\frac{\partial H(K)}{\partial K} \right)^{-1} H(K) \tag{4.13}$$

其中用

$$K_L = \frac{q + r L^2}{1 - (a + bL)^2} \tag{4.14}$$

表示对应于费用函数近似 $J(x) = Kx^2$ 的单步前瞻线性策略 $\mu(x) = Lx$ 的二次费用系数：

$$L = -\frac{abK}{r + b^2 K} \tag{4.15}$$

[参见式 (4.9) 和式 (4.10)]。

我们证明式 (4.13) 牛顿步公式的方法是用 L 表示这个公式中的每一项，然后证明这个公式对所有的 L 都保持成立。为了这一目的，我们首先从式 (4.15) 注意到 K 可以用 L 表示为

$$K = -\frac{rL}{b(a + bL)} \tag{4.16}$$

进一步，通过使用式 (4.15) 和式 (4.16)，在式 (4.11) 中给出的 $H(K)$ 可以用 L 表示为

$$H(K) = -\frac{rL}{b(a + bL)} + \frac{arL}{b} - q \tag{4.17}$$

此外，通过对式 (4.11) 的函数 H 求微分，我们在直接的计算之后获得

$$\frac{\partial H(K)}{\partial K} = 1 - \frac{a^2 r^2}{(r + b^2 K)^2} = 1 - (a + bL)^2 \tag{4.18}$$

其中第二个等号来自式 (4.15)。先用 L 表示牛顿步公式 (4.13) 中的所有项,再通过式 (4.14)、式 (4.16)、式 (4.17) 和式 (4.18),我们可以将这个公式用 L 写成

$$\frac{q+rL^2}{1-(a+bL)^2} = -\frac{rL}{b(a+bL)} - \frac{1}{1-(a+bL)^2}\left(-\frac{rL}{b(a+bL)} + \frac{arL}{b} - q\right)$$

或者等价地

$$q+rL^2 = -\frac{rL\left(1-(a+bL)^2\right)}{b(a+bL)} + \frac{rL}{b(a+bL)} - \frac{arL}{b} + q$$

直接的计算现在可以证明这个方程对所有的 L 都成立。

我们通过对所有的 K 用式 (4.13) 的牛顿步公式已经证明了 K_L 与 K 有关联。结果,从牛顿法的经典微分结论有,式 (4.18) 的二次收敛速率估计成立。

在 l 步前瞻的情形下,这一结果有更强的形式,其中式 (4.8) 的二次收敛速率估计替换为如下形式

$$|K_{\tilde{L}} - K^*| \leqslant c|F^{l-1}(\tilde{K}) - K^*|^2$$

其中 $F^{l-1}(\tilde{K})$ 是对 $\tilde{K}$ 连续 $(l-1)$ 次应用映射 F 之后的结果。于是获得了对 $|K_{\tilde{L}} - K^*|$ 的更强的界。

4.5 灵敏度问题

在 K 和 K_L 之间的式 (4.13) 的牛顿步关系式的一个有趣的结论与 K 的变化的灵敏度有关。特别地,我们将证明在渐近的意义下,在 K^* 的附近,K 的小变化导致的 K_L 的变化小许多。数学上,给定位于稳定域内的 K_1 和 K_2,这样它们导向稳定的对应的单步前瞻策略 $\mu_1(x) = L_1 x$ 和 $\mu_2(x) = L_2 x$,我们有

$$\text{当}|K_1 - K_2| \to 0\text{且}H(K_2) \to 0\text{时, 有}\frac{|K_{L_1} - K_{L_2}|}{|K_1 - K_2|} \to 0 \tag{4.19}$$

正如下面要证明的那样。

这一结论也对多维线性二次型问题成立,且对更一般的问题在适当的条件下以多种形式成立。这一结论(及其在一般的可微贝尔曼算子 T 情形下的推广)的实际意义是在 K^*(或者 J^*,在一般的情形中)附近,只要关心的是在线性能(即分别是 K_L 或者 $J_{\tilde{\mu}}$ 的变化),那么小的离线训练变化(即分别是 K 或者 $J_{\tilde{\mu}}$ 的小变化)通过牛顿步变得影响不大。离线训练的小变化可能源自使用了替代的费用函数近似方法,这类似地依靠使用强大的基于特征或者基于神经网络的架构(例如,不同形式的时序差分法、集结方法、近似线性规划等)。

为了明白为什么式 (4.19) 的灵敏度成立,我们重写牛顿迭代公式如下

$$K_{L_1} = K_1 - \left(\frac{\partial H(K_1)}{\partial K}\right)^{-1} H(K_1)$$

[参见式 (4.13)] 这里使用了一阶泰勒近似

$$\left(\frac{\partial H(K_1)}{\partial K}\right)^{-1} = \left(\frac{\partial H(K_2)}{\partial K}\right)^{-1} + O(|K_1 - K_2|)$$

$$H(K_1) = H(K_2) + \frac{\partial H(K_2)}{\partial K}(K_1 - K_2) + o(|K_1 - K_2|)$$

[我们这里使用标准的微分符号，其中 $O(|K_1 - K_2|)$ 是 (K_1, K_2) 的函数且满足当 $|K_1 - K_2| \to 0$ 时有 $O(|K_1 - K_2|) \to 0$, $o(|K_1 - K_2|)$ 表示 (K_1, K_2) 的函数且满足当 $|K_1 - K_2| \to 0$ 时有 $o(|K_1 - K_2|)/|K_1 - K_2| \to 0$]。我们获得

$$K_{L_1} = K_1 - \left(\left(\frac{\partial H(K_2)}{\partial K}\right)^{-1} + O(|K_1 - K_2|)\right)$$

$$\left(H(K_2) + \frac{\partial H(K_2)}{\partial K}(K_1 - K_2) + o(|K_1 - K_2|)\right)$$

这可以获得

$$K_{L_1} = K_1 - \left(\frac{\partial H(K_2)}{\partial K}\right)^{-1} H(K_2) - (K_1 - K_2) + O(|K_1 - K_2|)H(K_2)$$
$$+ o(|K_1 - K_2|)$$

前面的等式与牛顿迭代公式 [参见式 (4.13)] 一起

$$K_{L_2} = K_2 - \left(\frac{\partial H(K_2)}{\partial K}\right)^{-1} H(K_2)$$

获得

$$K_{L_1} = K_{L_2} + O(|K_1 - K_2|)H(K_2) + o(|K_1 - K_2|) \tag{4.20}$$

或者

$$\frac{|K_{L_1} - K_{L_2}|}{|K_1 - K_2|} = \frac{O(|K_1 - K_2|)}{|K_1 - K_2|}H(K_2) + \frac{o(|K_1 - K_2|)}{|K_1 - K_2|} \tag{4.21}$$

上面右式的第一项随着 $H(K_2) \to 0$ 时趋向于 0，而第二项随着 $|K_1 - K_2| \to 0$ 时趋向于 0。这证明了所期望的灵敏度式 (4.19)。再通过追踪之前的计算，可以看出在式 (4.20) 中 $O(|K_1 - K_2|)$ 项乘以 $H(K_2)$ 等于

$$\left(\frac{\partial H(K_1)}{\partial K}\right)^{-1} - \left(\frac{\partial H(K_2)}{\partial K}\right)^{-1} \tag{4.22}$$

且若 $H(K)$ 接近线性则上式接近于 0。图 4.5.1 解释了灵敏度估计式 (4.21)。

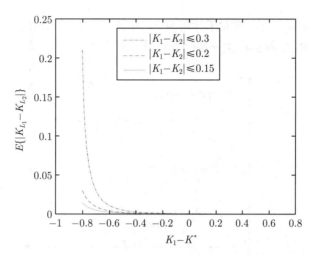

图 4.5.1　当 $a=1, b=2, q=1, r=0.5$ 时，式 (4.21) 的灵敏度估计示意图。差分 K_1-K_2 记作 ϵ。本图展示了随着距离 K_1-K^* 变化，$|K_{L_1}-K_{L_2}|$ 的期望值的变化情况，其中 K_2 从区间 $[K_1-\epsilon, K_1+\epsilon]$ 中依均匀概率分布随机选取，ϵ 考虑三个不同取值（0.15、0.2 和 0.3）。注意对于 $K_1 > K^*$，变化量 $|K_{L_1}-K_{L_2}|$ 远小于 $K_1 < K^*$ 的情形，因为即使对于 ϵ 的大的取值（H 接近是线性的），式 (4.22) 的微分逆的差分对于 $K_1 > K^*$ 是小的。

注意由式 (4.21)，比例 $(K_{L_1}-K_{L_2})/|K_1-K_2|$ 取决于 K_2 有多接近 K^*，即，$H(K_2)$ 的大小。特别地，如果 $K_2 = K^*$，我们恢复超线性收敛速率

$$\frac{|K_{L_1}-K^*|}{|K_1-K^*|} = \frac{o(|K_1-K^*|)}{|K_1-K^*|}$$

另一方面，如果 $H(K_2)$ 距离 0 远，且 H 在 K_1 和 K_2 附近有大的二阶导数 [于是式 (4.22) 的微分逆的差值大]，那么比例 $(K_{L_1}-K_{L_2})/|K_1-K_2|$ 可以相当大，即使 $|K_1-K_2|$ 相对小。这特别易发生在 K_1 和 K_2 接近稳定域的边界时，此时重要的是将牛顿步的有效起点接近 K^*，可能通过多步前瞻和基于稳定策略的截断滚动。

只要 T 是可微的，则之前的推导可以推广到对于映射 T 的一般情形。如果 T 在 J^* 不可微，那么就没有微分了，例如式 (4.19) 的灵敏度结论在例外的情形下可能不成立。然而注意，在具有有限数量的状态和控制的折扣问题的情形中，其 $(TJ)(x)$ 对每个 x 是 J 的分片线性函数，可以证明更强的结论：存在以 J^* 为球心的圆球满足如果 $\tilde{J}$ 位于这个球的内部，那么对应于 $\tilde{J}$ 的单步前瞻策略是最优的（见书 [Ber20a] 命题 5.5.2）。

4.6　滚动和策略迭代

采用稳定基础策略 μ 的滚动算法示于图 4.6.1 中。PI 算法就是简单重复地使用滚动。让我们从如下的线性基础策略开始推导该算法

$$\mu^0(x) = L_0 x$$

其中 L_0 是标量。我们要求 L_0 满足闭环系统

$$x_{k+1} = (a + bL_0)x_k \tag{4.23}$$

是稳定的，即 $|a + bL_0| < 1$。这对于让策略 μ^0 保持状态有界且对应的费用 $J_{\mu^0}(x)$ 有限是必要的。我们将看到 PI 算法产生一系列线性稳定策略。

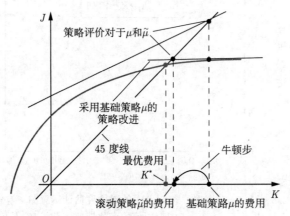

图 4.6.1　线性二次型问题的滚动和策略迭代示意图。

为了描述起始策略 μ^0 的策略评价和策略改进阶段，我们首先计算 J_{μ^0} 并注意到它涉及不受控的闭环系统式 (4.23) 和二次费用函数。与之前的计算类似，其形式为

$$J_{\mu^0}(x) = K_0 x^2 \tag{4.24}$$

其中

$$K_0 = \frac{q + rL_0^2}{1 - (a + bL_0)^2} \tag{4.25}$$

所以，从线性策略 $\mu^0(x) = L_0 x$ 开始的 PI 的策略评价阶段获得式 (4.24)～式 (4.25) 形式的 J_{μ^0}。策略改进阶段涉及二次最小化

$$\mu^1(x) \in \arg\min_u [qx^2 + ru^2 + K_0(ax + bu)^2]$$

在直接的计算之后获得 μ^1 作为线性策略 $\mu^1(x) = L_1 x$，其中

$$L_1 = -\frac{abK_0}{r + b^2 K_0}$$

也可以验证 μ^1 是稳定策略。理解这一点的一种直观的方法是通过 PI 的费用改进性质：对所有的 x 有 $J_{\mu^1}(x) \leqslant J_{\mu^0}(x)$，所以 $J_{\mu^1}(x)$ 必然有限，这意味着 μ^1 的稳定性。

之前的计算可以继续下去，所以 PI 算法获得了稳定的线性策略序列

$$\mu^k(x) = L_k x, k = 0, 1, \cdots$$

其中 L_{k+1} 由如下的迭代生成

$$L_{k+1} = -\frac{abK_k}{r + b^2 K_k}$$

其中 K_k 给定如下

$$K_k = \frac{q + rL_k^2}{1 - (a + bL_k)^2}$$

[参见式 (4.25)]。

对应的费用函数序列的形式为 $J_{\mu^k}(x) = K_k x^2$。经典线性二次型理论的一部分是 J_{μ^k} 收敛到最优费用函数 J^*，而且所生成的线性策略序列 $\{\mu^k\}$，其中 $\mu^k(x) = L_k x$，收敛到最优策略。序列 $\{K_k\}$ 的收敛速率是二次的，正如之前所展示的，即，存在常数 c 满足对所有的 k 有

$$|K_{k+1} - K^*| \leqslant c|K_k - K^*|^2$$

假设初始策略是线性且稳定的。这一结论由 Kleinman[Kle68] 对于线性二次型问题的连续时间版本证明，且后来推广到更加一般性的问题；见 3.3 节中给出的参考文献和书 [Ber20a] 中的第 1 章。对于线性离散时间二次型问题的二次收敛性的证明，见 Lopez、Alsalti 和 Muller[LAM21]。

4.7 截断滚动——前瞻长度问题

采用稳定线性基础策略 $\mu(x) = Lx$ 和末端费用近似 $\tilde{J}(x) = \tilde{K}x^2$ 的截断滚动示于图 4.7.1 中。滚动策略 $\tilde{\mu}$ 通过如下方程获得

$$T_{\tilde{\mu}}T^{l-1}T_\mu^m \tilde{J} = T^l T_\mu^m \tilde{J}$$

其中 $l \geqslant 1$ 是前瞻最小化的长度，$m \geqslant 0$ 是滚动前瞻的长度，$m = 0$ 对应于滚动中没有前瞻（在图 4.7.1 中，我们有 $l = 1$ 和 $m = 4$）。

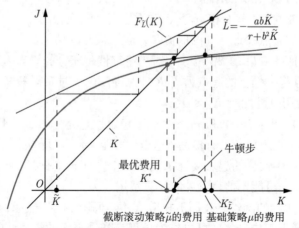

图 4.7.1 对线性二次型问题采用稳定的基础策略 $\mu(x) = Lx$ 和末端费用近似 $\tilde{K}$ 的截断滚动的示意图。在本图中滚动的步数是 $m = 4$，我们使用单步前瞻最小化。

我们在 3.4 节截断滚动的讨论中提到了一些有趣的性能问题，我们将在线性二次型问题中重新回顾这些问题。特别地，我们注意到：

（a）采用稳定策略的滚动的前瞻对前瞻策略的稳定性有益；

（b）采用滚动的前瞻可能是采用最小化前瞻的一个经济性的替代，即可能获得与截断滚动策略相似的性能但是显著降低计算的费用。

这些论述对于一般性的分析证明是困难的。然而，使用类似于图 4.7.1 中的几何构造，它们可以在我们的一维线性二次型问题中被直观地理解。

特别地，让我们考虑一维线性二次型问题，对应的值 K^*（最优费用系数）和值 K_s 标定了稳定域，即，一步前瞻获得稳定策略当且仅当 $\tilde{K} > K_s$。也考虑截断滚动方法的两个参数：K_μ（基础策略的费用系数）和 $\tilde{K}$（末端费用近似系数）。

我们有 $K_s \leqslant K^* \leqslant K_\mu$，所以三个参数 K_s，K^*，K_μ 将实轴分成四个区间 I 到 IV，示于图 4.7.2 中。然后通过检查图 4.7.1，我们发现截断滚动的行为取决于末端费用系数 $\tilde{K}$ 所处的区间。特别地：

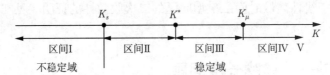

图 4.7.2 线性二次型问题的截断滚动行为的示意图。我们考虑四个区间 I，II，III 和 IV，分别由稳定域的边界 K_s、最优费用系数 K^* 和基础策略 μ 的费用系数 K_μ 定义。在区间 I，II 和 IV 上使用 μ 作为基础策略，以 $m > 0$ 为滚动步数，并且以 $\tilde{K}$ 作为末端费用系数，从而可以进行滚动。这一滚动与 $m = 0$ 的无滚动情形相比，提升了对稳定性的保障，而且提高了前瞻策略 $\tilde{\mu}$ 的性能。当 $\tilde{K}$ 位于区间 III 时，使用 $m > 0$ 而非 $m = 0$ 在一定程度上恶化了前瞻策略 $\tilde{\mu}$ 的性能，但仍然保持了费用改进性质 $K_{\tilde{\mu}} \leqslant K_\mu$。

（a）$\tilde{K}$ 在区间 I 中：需要长的总计 $(l+m)$ 步的前瞻让牛顿步的起点位于稳定域内。可以通过取 $l = 1$ 和足够大的 m 让牛顿步的起点位于稳定域内部，且可能接近 K^*，这样可以获得最好的且计算上经济的结果。

（b）$\tilde{K}$ 在区间 II 中：$l = 1$ 和 $m \geqslant 0$ 对于稳定性是充分的。当 $l = 1$ 且 m 是（一般未知的），让牛顿步的起点接近 K^* 的取值时，获得最好的结果。

（c）$\tilde{K}$ 在区间 III 中：$l = 1$ 和 $m \geqslant 0$ 对于稳定性是充分的。当 $l = 1$ 且 $m = 0$（因为滚动前瞻适得其反且将牛顿步的起点远离 K^*，朝向 K_μ）时获得最好的结果。然而，即使 $m > 0$，我们也有费用改进性质 $K_{\tilde{\mu}} \leqslant K_\mu$。

（d）$\tilde{K}$ 在区间 IV 中：$l = 1$ 和 $m \geqslant 0$ 对于稳定性是充分的。对于 m 和 l 的取值获得最好的结果，取决于 $\tilde{K}$ 距离 K_μ 有多远。这里，可能工作良好的取值是 m 相对较大，l 接近 1（足够大的 m 让牛顿法的起点接近 K_μ；$l = 1$ 对应于牛顿步，$l > 1$ 通过值迭代改进了牛顿步的起点，但是可能不值得额外的计算费用）。

当然，这里一个实际的困难是我们不知道 $\tilde{K}$ 位于哪个区间。然而，显然通过使用 $m \geqslant 1$ 的滚动在大部分情形下工作良好，可以作为长程前瞻最小化的经济性的替代。特别地，当 $\tilde{K}$ 位于区间 I，II 和 IV 时，使用 $m > 0$ 提供了更强的稳定性保证并通过为牛顿步提供更好的起点来改进性能。即使在当 $\tilde{K}$ 位于区间 III 的情形，使用 $m > 0$ 损害也不是很大：我们仍然获得不差于基础策略的性能，即，$K_{\tilde{\mu}} \leqslant K_\mu$。一个有趣的研究问题是从理论上和计算上研究区间 I~IV 的多维类比（这现在将变成对称阵集合的子集）。尽管看起来之前的讨论应该可以被广泛地推广，对多维情形的研究发现是有挑战性的和有启发性的。

4.8 线性二次型问题中的例外行为

当矩阵 Q 的正定性假设被违反时，例外行为甚至可以在一维线性二次型问题中出现。特别地，考虑如下系统

$$x_{k+1} = ax_k + bu_k \tag{4.26}$$

和费用函数

$$\sum_{k=0}^{\infty} ru_k^2 \tag{4.27}$$

其中 a, b, r 是标量，且满足 $b \neq 0, r > 0$。这里对于状态为非零（即，$q = 0$）没有惩罚，尽管若 $a > 1$ 则系统在没有控制时是不稳定的。

在这一情形下，因为费用不依赖于状态，最优的是在任意状态 x 施加控制 $u = 0$，即，$\mu^*(x) \equiv 0$，最优费用函数是 $J^*(x) \equiv 0$。黎卡提方程给定如下

$$K = F(K)$$

其中 F 定义为

$$F(K) = \frac{a^2 rK}{r + b^2 K}$$

正如在图 4.8.1 中所示，它有两个非负解：

$$K^* = 0 \text{ 和} \hat{K} = \frac{r(a^2 - 1)}{b^2}$$

解 K^* 对应于最优费用函数。结果解 $\hat{K}$ 也是有趣的：可以证明它是在稳定的线性策略子类中最优的费用函数。对这一点的证明在作者的学术专著 [Ber22a]3.1 节中给出。

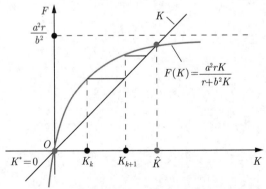

图 4.8.1　在 $q = 0$ 的例外情形下线性二次型问题的贝尔曼方程和值迭代算法 $K_{k+1} = F(K_k)$ 的示意图。

也考虑 VI 算法

$$K_{k+1} = F(K_k)$$

从某个 $K_0 > 0$ 开始。正如图 4.8.1 所示，它生成了一个正的标量序列，并且收敛到 $\hat{K}$。如果 VI 算法从最优的 $K^* = 0$ 开始，则将停留在 K^*。也可以验证从线性稳定策略开始 PI 算法将生成一系列线性稳定策略。这个序列收敛到对应于 $\hat{K}$ 的最优稳定策略。

总结一下，从线性稳定策略开始的 PI 算法收敛到 $\hat{J}$，但在线性稳定策略中的最优费用函数，不是最优费用函数 J^*。与此同时，PI 算法获得的策略在线性稳定策略中最优，但不是最优策略 $\mu^* \equiv 0$。

4.9　注释与参考文献

线性二次型问题在控制理论中位于中心位置，且是许多研究的主题。在大多数控制理论教材中有详细的讨论，包括作者的动态规划书 [Ber17a]。

4.8 节的线性二次型例子提供了展示半压缩行为的动态规划问题的实例，其中一些策略的行为是良好的（在这一情形中是稳定系统），而其他策略不是，且值迭代算法倾向于被吸引到仅在表现良好的费用函数中最优的策略；见抽象动态规划专著 [Ber22a] 第 3 章和第 4 章。

第 5 章　自适应和模型预测控制

在本章，我们讨论在值空间近似框架中的一些核心的控制系统设计方法论。特别地，在下面两节中，我们将讨论具有未知或变化的问题参数的问题，并简要综述一些主要类型的自适应控制方法。然后我们将聚焦在基于在线重规划的机制上，包括使用滚动。这里的思想是使用值空间近似机制/牛顿步替代对控制器的完整重新优化，以应对系统参数的变化；我们已在第 1 章注意到这种可能性。后续，在 5.3 节和 5.4 节，我们将讨论模型预测控制法及其与值空间近似、牛顿法、自适应控制及随之而来的稳定性问题的关联。

5.1 具有未知参数的系统——鲁棒和 PID 控制

我们到目前为止讨论处理的问题具有已知和不变的数学模型，即系统方程、费用函数、控制约束和扰动的概率分布是精确已知的。数学模型可以通过显式的数学公式和假设获得，或者通过可以模拟所有在模型中涉及的数学运算的计算机程序来获得，包括计算期望值所使用的蒙特卡洛仿真。从我们的视角，数学模型是通过闭式数学表达式或者通过计算机仿真并没有差别：我们讨论的方法在两种情形下都是可用的，只是它们对于给定问题的适用性可能受到数学公式的可用性的影响。

然而在实际中，常见的是系统涉及的参数或者不精确已知或者随时间变化。在这样的情形下，重要的是设计出可以应对参数变化的控制器。这样的方法论通常称为自适应控制，这是一个复杂而多面的主题，有许多应用和相当长的历史。[1]

我们也应当注意到未知的问题环境是强化学习的人工智能视角的重要部分。特别地，引用 Sutton 和 Barto 的书 [SuB18] 中的话，"从与环境的交互中学习是几乎在所有学习和智能理论之下的一个奠基性的思想。"与环境交互的思想通常关联到通过探索环境来识别其特征。在控制理论中这经常被视作系统辨识方法论的一部分，旨在构造动态系统的数学模型。系统辨识过程经常与控制过程结合来处理未知或者变化的问题参数。这是随机最优和次优控制中最有挑战性的领域，自 20 世纪 60 年代早期以来就被深入研究了。

鲁棒和 PID 控制

给定假设标称的动态规划问题模型进而获得的控制器的设计，一种可能性是简单地忽略问题参数的变化，然后尝试设计一个在整个参数变化范围内都足够的控制器。这有时被称为鲁棒控制器。鲁棒控制器不需要跟踪变化的问题参数。它被设计成能够应对参数的变化，且在实际中它经常倾向于处理最坏的情形。

处理连续状态问题的一种重要的经得起时间考验的鲁棒控制方法是 PID（比例-积分-微分）控制器；例如见 Aström 和 Hagglund 的书 [AsH95]、[AsH06]。特别地，PID 控制旨在当系统参数在相对较为宽广的范围内变化时将单入单出动态系统的输出保持在一个设定点的周围或者遵循一个给定的轨迹。在其最简单的情形中，PID 控制器有三个标量参数，可以通过多种方法确定，其中一些是手动/启发式的方法。PID 控制广泛应用且有许多成功的应用，尽管其应用范围主要局限在相对简单的单入单出连续状态控制系统上。

──────────────

[1] 设计自适应控制器的难度经常被低估。除去其他，它们让离线训练和在线对弈之间的权衡变得更加复杂，我们在第 1 章中与阿尔法零的联系中讨论到这一点。值得记住尽管学会高质量地下棋是相当有挑战性的，但是对弈的规则是稳定的且在下棋的过程中不会发生不可预期的变化！具有系统参数变化的问题可能更加有挑战性！

综合系统辨识与控制

鲁棒控制机制，例如 PID 控制，并不努力尝试保持数学模型并在未知的模型参数变化时进行跟踪。取而代之，我们可以在控制器中引入一种机制测量或者估计未知的或者变化的系统参数，从而恰当地变化控制以应对。[①]

需要注意的是，更新问题参数未必需要特殊的算法。在许多情形中问题参数的取值为有限多个可能值，且事先已知（例如参数取值可能对应于车辆的特定控制、机械臂的移动、飞行器的特定飞行模式等）。一旦控制机制确定了问题参数的变化，就可以将变化融入值空间近似的机制中，在策略滚动的情形中，可以切换到对应的事先设计好的基础策略。

在本章后续内容中（包括我们在 5.3 节中关于 MPC 的讨论），我们将假设存在一种机制学习（可能是不完美的并且通过某些未指定的步骤）随时间变化的系统的模型。我们将宽泛地称这一学习过程为经典的名称*系统辨识*，但是我们将不介绍特定的辨识方法，记住这样的方法可能是不精确的且有挑战性的，但是也可能是快速的和简单的，这取决于手上的问题。

一个明显合理的机制是将控制过程分成两个阶段，*系统辨识*阶段和*控制*阶段。在第一个阶段未知的参数被估计出来，而控制并不考虑估计的临时结果。第一个阶段的最终的参数估计值然后用于在第二个阶段实现最优的或者次优的策略。

这一交替的估计和控制可以在系统的运行中重复多次以考虑后续的参数变化。注意不需要引入估计阶段和控制阶段的硬切分。它们可以同时进行，只要有必要，新的参数估计可以在后台生成，然后引入控制过程中，见图 5.1.1。

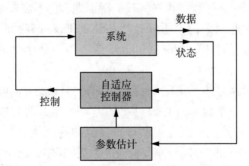

图 5.1.1 并发参数估计和系统控制的机制示意图。系统参数被在线估计出来，在需要的时候估计值被传给控制器（例如，在估计值显著变化之后）。这一结构也称为间接自适应控制。

该方法的不足之处是有时不易确定何时终止一个阶段并开始另一个。还有一个更加基本的难点是控制过程可能让一些未知的参数对于估计过程不可见。这被称为参数可辨识性问题，在几个参考文献中针对自适应控制进行了讨论。处理可辨识性问题的在线参数估计算法，已经在控制理论文献中详细讨论了，但是对应的方法论是复杂的且超出了本书的范

[①] 在自适应控制文献中，涉及参数估计的机制有时称为间接法，而不涉及参数估计的机制（例如 PID 控制）被称为直接法。引用 Aström 和 Wittenmark 的书 [AsW08] 中的原话"间接法是那些使用估计的参数计算所需要的控制器参数的方法"（见图 5.1.1）。本节后续描述的方法以及在下一节讨论的基于滚动的自适应控制方法应该被视作间接法。

畴。然而，假设可以让估计阶段某种意义上可用，那么我们可以用在线重新规划过程的形式使用新估计出来的参数重新优化控制器。

不幸的是，这类在线重新规划存在另一个难点：使用新辨识出来的系统模型在线重新计算最优的或者近优的策略可能是困难的。特别地，耗时的或者需要大量数据的方法，如涉及训练神经网络或者离散、整数控制约束的方法，是不可能被使用的。更简单的一种可能性是使用滚动，我们将在下一节讨论。

5.2　值空间近似、滚动和自适应控制

我们现在将考虑处理未知或者变化参数的一种方法——基于滚动和在线重新规划。我们已经在第 1 章中注意到这种方法，在那里我们强调了快速的在线策略改进的重要性。

假设某些问题参数随时间变化，而可能在一定的数据采集和估计的延迟之后控制器注意到这一变化。问题参数重新计算或者变得已知的方法对于接下来的讨论是不重要的。它可能涉及有限形式的参数估计，其中未知的参数被在一些时段上的数据采集"跟踪"，其主要目的是处理参数可辨识性问题；或者可能涉及控制环境的新的特征，如服务器的数量变化或者服务系统中任务数量的变化。

我们于是忽略参数估计的具体细节，关注基于新获得的参数在线重新规划控制器。这一修订可以基于任意的次优方法，但是采用某个基础策略的滚动尤其引人注目。这一基础策略可以是固定的鲁棒控制器（例如某种形式的 PID 控制）或者它可以随时间变化不断更新（在后台，在某个未指定的原理的基础之上），此时滚动策略将同时在应对变化的基础策略和应对变化的参数中修订。

这里滚动的优势是简单、可靠和相对快速。特别地，它不需要复杂的训练过程，如基于使用神经网络或者其他的近似架构，所以针对参数变化没有新的策略被显式计算出来。一种替代方法是，在当前状态可用的控制通过单步或者多步最小化进行比较，其费用函数近似由基础策略提供（参见图 5.2.1）。

需要考虑的另一个问题是滚动策略的稳定性和鲁棒性。通常可以在宽松的假设条件下证明，如果基础策略在一个参数取值范围内是稳定的，那么滚动策略也是稳定的；这可以从图 3.4.3 中推断出来。相关的思想在控制理论文献中有相当长的历史；见 Beard[Bea95]、Beard、Saridis 和 Wen[BSW99], Jiang 和 Jiang[JiJ17], Kalise、Kundu 和 Kunisch[KKK20]以及 Pang 和 Jiang[PaJ21]。

在自适应控制的背景中使用滚动的主要要求是滚动控制的计算应当对于两个阶段之间的执行是足够快的。我们注意到加速、截断或者简化版本的滚动，以及并行计算，可以用于满足这一时间约束。

在给定问题参数的取值集合时，若滚动控制比最优控制更易计算，那么在这些情形中通过滚动和在线重新规划进行自适应控制是有意义的。这样的情形涉及非线性系统和难以处理的约束条件（例如整数约束）。

我们之前讨论过简单的一维线性二次型问题。下面的例子展示了如何在这类问题中使用滚动进行在线重新规划。这个例子的目的是用解析的方式展示以标称参数集合下的最优策略为基础策略进行滚动，当参数从其标称值发生变化时，滚动方法的性能依然良好。这

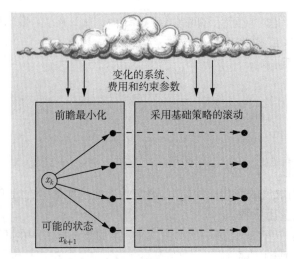

图 5.2.1　基于滚动的在线重新规划的自适应控制示意图。单步前瞻最小化后基于保持不变的基础策略进行仿真。系统、费用和约束参数随时间变化，其最新值用于前瞻最小化和滚动操作。采用多步前瞻最小化和末端费用近似的截断滚动也是可能的。基础策略也可基于多种准则修订。对于本节的讨论，我们可以假设所有变化的参数信息由某个超出我们控制范畴的计算和传感器"云"提供。

一性质对于线性二次型问题在实用中并没有什么用，因为当参数变化时，可以闭式地计算出新的最优策略，但是可以展示滚动方法在其他情形下（例如有约束的线性二次型问题）的鲁棒性。

例 5.2.1（线性二次型问题基于滚动的在线重新规划）

考虑涉及如下线性系统的确定性无折扣无限时段线性二次型问题

$$x_{k+1} = x_k + bu_k$$

和二次费用函数

$$\lim_{N \to \infty} \sum_{k=0}^{N-1} (x_k^2 + ru_k^2)$$

这是之前一节的一维问题的特例，$a = 1$ 和 $q = 1$。最优费用函数给定如下

$$J^*(x) = K^* x^2$$

其中 K^* 是黎卡提方程的唯一正解

$$K = \frac{rK}{r + b^2 K} + 1 \tag{5.1}$$

最优策略的形式为

$$\mu^*(x) = L^* x \tag{5.2}$$

其中

$$L^* = -\frac{bK^*}{r + b^2 K^*} \tag{5.3}$$

作为一个例子，考虑对应于标称问题参数 $b=2$ 和 $r=0.5$ 的最优策略：这是式 (5.2)~式 (5.3) 的策略，其中 K 作为式 (5.1) 的二次黎卡提方程在 $b=2$ 和 $r=0.5$ 时的正解。对于这些标称参数值，我们有

$$K = \frac{1+\sqrt{6}}{4} \approx 1.11$$

从式 (5.3) 也可得到

$$L = -\frac{2+\sqrt{6}}{5+2\sqrt{6}} \tag{5.4}$$

我们将考虑 b 和 r 的取值的变化而保持 L 恒定为之前的取值，在 b 和 r 变化时比较下面三个费用函数的二次费用系数。

（a）最优费用函数 K^*x^2，其中 K^* 由式 (5.1) 的黎卡提方程的正解给定。

（b）对应于如下基础策略

$$\mu_L(x) = Lx$$

的费用函数 $K_L x^2$，其中 L 由式 (5.4) 给定。这里，我们有 [参见 4.1 节]

$$K_L = \frac{1+rL^2}{1-(1+bL)^2} \tag{5.5}$$

（c）对应于用策略 μ_L 作为基础策略获得的滚动策略

$$\tilde{\mu}_L(x) = \tilde{L}x$$

的费用函数 $\tilde{K}_L x^2$。使用之前推导的公式，我们有 [参见式 (5.5)]

$$\tilde{L} = -\frac{bK_L}{r+b^2 K_L}$$

和 [参见 4.1 节]

$$\tilde{K}_L = \frac{1+r\tilde{L}^2}{1-(1+b\tilde{L})^2}$$

图 5.2.2 对 r 和 b 在一个范围内取值时展示了系数 K^*、K_L 和 $\tilde{K}_L$。我们有

$$K^* \leqslant \tilde{K}_L \leqslant K_L$$

差分 $K_L - K^*$ 指示了策略 μ_L 的鲁棒性，即，通过忽略 b 和 r 的取值变化并继续使用策略 μ_L 导致的性能损失，注意 μ_L 对于标称值 $b=2$ 和 $r=0.5$ 是最优的，但是对于 b 和 r 的其他取值是次优的。差分 $\tilde{K}_L - K^*$ 指示了因为通过滚动进行在线重新规划而不是使用最优重新规划导致的性能损失。最终，差分 $K_L - \tilde{K}_L$ 指示了因为使用滚动进行在线重新规划而不是保持策略 μ_L 不变带来的性能改进。

注意到图 5.2.2 展示了误差率

$$\frac{\tilde{J}-J^*}{J-J^*}$$

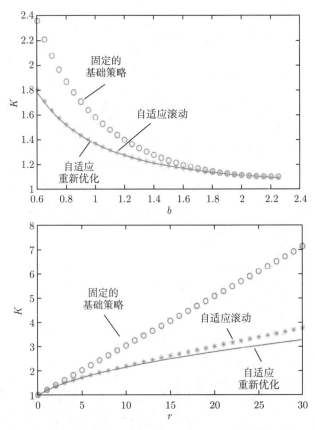

图 5.2.2 在变化的问题参数下使用滚动的示意图。对于 $r = 0.5$ 且 b 变化和 $b = 2$ 且 r 变化的这两个情形展示了二次费用系数 K^*（最优的，用实线表示）、K_L（基础策略，用圆圈表示）和 $\tilde{K}_L$（滚动策略，用星号表示）。L 取值固定在 $b = 2$ 且 $r = 0.5$ 时的最优值 [参见式 (5.4)]。即使当基础策略距离最优策略很远时，滚动策略性能仍非常接近最优。注意，如图所示，我们有

$$\lim_{J \to J^*} \frac{\tilde{J} - J^*}{J - J^*} = 0$$

其中对于给定的初始状态，$\tilde{J}$ 是滚动性能，J^* 是最优性能，J 是基础策略性能。这是在滚动之下的牛顿法的超线性二次收敛速率的结果，并且保证了滚动性能以远快于基础策略性能的速度接近最优值。

的变化情况，其中对于给定的初始状态，$\tilde{J}$ 是滚动性能，J^* 是最优性能，J 是基础策略性能。因为滚动方法之下的牛顿法的超线性二次收敛速率，这一比例随着 $J - J^*$ 变得更小而趋向 0。

5.3 值空间近似、滚动和模型预测控制

这一节简要讨论 MPC 方法，着重关注其与值空间近似和滚动算法的关系。我们将主要关注无折扣无限时段确定性问题，涉及如下系统

$$x_{k+1} = f(x_k, u_k)$$

其状态 x_k 和控制 u_k 是有限维的向量。假设每阶段的费用非负

$$g(x_k, u_k) \geqslant 0, \forall (x_k, u_k)$$

（如正定二次费用）。存在控制约束 $\mu_k \in U(x_k)$，且为了简化后续讨论，我们将一开始不考虑状态约束。假设系统可以无费用地保持在原点，即

$$f(0, \bar{u}_k) = 0, g(0, \bar{u}_k) = 0, \text{ 对某个控制} \bar{u}_k \in U(0)$$

对于给定的初始状态 x_0，我们希望获得一个序列 $\{u_0, u_1, \cdots\}$ 满足控制约束且最小化总费用。

这是控制系统设计中的一个经典问题，称为镇定问题，其目标是在面对扰动和参数变化时，将系统的状态保持在原点（或者更一般的某个所希望的设定点）附近。在该问题的一种重要的变形中，存在额外的状态约束，形式为 $x_k \in X$，且要求不仅是在当前时刻而且是在未来时刻保持状态在 X 内部。我们稍后在这一节处理这个问题。

经典形式的 MPC——视作滚动算法

我们首先关注一种经典形式的 MPC 算法，其形式由 Keerthi 和 Gilbert[KeG88] 给出。在这一算法中，在每个遇到的状态 x_k，我们施加如下计算出来的控制 $\tilde{u}_k$，见图 5.3.1。

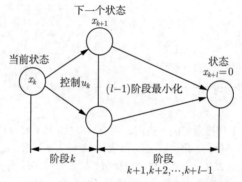

图 5.3.1　用经典形式的 MPC 在状态 x_k 求解这一问题的示意图。我们最小化下面 l 个阶段的费用函数，并施加约束，要求 $x_{k+l} = 0$。然后应用最优序列的首个控制。在滚动的语境下，对 u_k 的最小化是单步前瞻，对驱使 x_{k+l} 到 0 的 $u_{k+1}, u_{k+2}, \cdots, u_{k+l-1}$ 的最小化是基础启发式规则。

（a）我们求解一个 l 阶段最优控制问题，使用相同的费用函数并且要求在 l 步之后状态被驱使到 0，即 $x_{k+l} = 0$。这个问题是

$$\min_{u_t, t=k, k+1, \cdots, k+l-1} \sum_{t=k}^{k+l-1} g(x_t, u_t) \tag{5.6}$$

系统约束

$$x_{t+1} = f(x_t, u_t), t = k, k+1, \cdots, k+l-1 \tag{5.7}$$

控制约束

$$u_t \in U(x_t), t = k, k+1, \cdots, k+l-1 \tag{5.8}$$

末端状态约束

$$x_{k+l} = 0 \tag{5.9}$$

这里 l 是一个整数且满足 $l > 1$，这在很大程度上通过实验的方式选取。

（b）如果 $\{\tilde{u}_k, \tilde{u}_{k+1}, \cdots, \tilde{u}_{k+l-1}\}$ 是这个问题的最优控制序列，我们施加 $\tilde{u}_k$ 并且丢弃其他的控制 $\tilde{u}_{k+1}, \tilde{u}_{k+2}, \cdots, \tilde{u}_{k+l-1}$。

（c）在下一个阶段，一旦下一个状态 x_{k+1} 出现之后，我们重复这一过程。

为了建立之前的 MPC 算法与滚动之间的联系，我们注意到由 MPC 隐式使用的单步前瞻函数 $\tilde{J}$[参见式 (5.6)] 是某种稳定的基础策略的费用函数。这个策略在 $l-1$ 个阶段（而不是 l 个阶段）后将系统状态驱使到 0，并且在此之后让状态保持在 0，满足状态和控制约束，并且最小化所关联的 $(l-1)$ 阶段费用。这一 MPC 的滚动视角首先在作者的论文 [Ber05] 中进行了讨论。这对于用牛顿法解释近似动态规划、强化学习、滚动方法是有用的。特别地，一个重要的结论是 MPC 策略是稳定的，因为正如我们已经在 3.2 节中讨论的，采用稳定基础策略的滚动获得一个稳定策略。

我们也可以等价地将之前的 MPC 算法视作采用 $\bar{l}$ 步前瞻的滚动，其中 $1 < \bar{l} < l$，并且采用了在 $l-\bar{l}$ 阶段后将状态驱使到 0 并且在之后将状态保持在 0 的基础策略。这提出了涉及采用末端费用函数近似的截断滚动的 MPC 的变形，我们稍后讨论。

注意当问题参数变化时，考虑在线重新规划是自然的，正如我们之前的讨论。特别地，一旦系统的新估计或费用函数参数变得可用，MPC 可以通过将新的参数估计引入上面（a）中的 l 阶段的优化问题来应对。

5.4 末端费用近似——稳定性问题

在一种常见的 MPC 变形中，式 (5.6) 的 l 阶段 MPC 问题中在 l 步之后将系统状态驱使到 0 的要求，可以替换为末端费用 $G(x_{k+l})$。所以在状态 x_k，我们求解如下问题

$$\min_{u_t, t=k, k+1, \cdots, k+l-1} \left[G(x_{k+l}) + \sum_{t=k}^{k+l-1} g(x_t, u_t) \right] \tag{5.10}$$

而不是式 (5.6) 的问题，其中要求 $x_{k+l} = 0$。这一变形也可以被视作采用单步前瞻的滚动，以及一个基础策略，后者在状态 x_{k+1} 应用最小化

$$G(x_{k+l}) + \sum_{t=k+1}^{k+l-1} g(x_t, u_t)$$

的序列 $\{\tilde{u}_{k+1}, \tilde{u}_{k+2}, \cdots, \tilde{u}_{k+l-1}\}$ 的第一个控制 $\tilde{u}_{k+1}$。在跳出滚动的语境中这也可以被视作采用了 l 步前瞻最小化和值空间近似（由 G 近似末端费用）。所以之前的 MPC 控制器可能拥有比 G 更接近 J^* 的费用函数。正如我们在第 3 章中讨论过的，这优于在值空间近似之下的牛顿法的超线性二次收敛速率。

一个重要的问题是，如何选择末端费用近似让最终的 MPC 控制器是稳定的。我们在 3.3 节中关于值空间近似机制的稳定域的讨论适用于这里。特别地，在本节的非负费用假设下，若 $TG \leqslant G$，或者等价地（通过使用在第 3 章中介绍的抽象动态规划的符号）

$$(TG)(x) = \min_{u \in U(x)} \{g(x, u) + G(f(x, u))\} \leqslant G(x), \forall x \tag{5.11}$$

正如在 3.2 节中所注释的，那么 MPC 控制器将是稳定的。这一条件对于 MPC 控制器的稳定性是充分但非必要的。图 5.4.1 提供了图示化的解释。其展示了条件 $TG \leqslant G$ 意味着对所有 $l \geqslant 1$ 有 $J^* \leqslant T^l G \leqslant T^{l-1} G$（书 [Ber12] 和 [Ber18a] 提供了对于这一事实的数学证明）。这进一步意味着 $T^l G$ 对所有的 $l \geqslant 0$ 都位于稳定域之内。

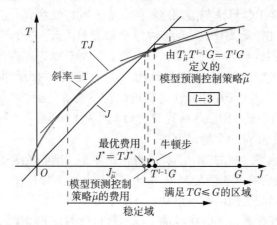

图 5.4.1　条件 $TG \leqslant G$ 或者等价地

$$(TG)(x) = \min_{u \in U(x)} \{ g(x,u) + G(f(x,u)) \} \leqslant G(x), \forall x$$

的示意图。当末端费用函数近似 G 满足这一条件时，其保证了采用 l 步前瞻最小化的 MPC 策略 $\tilde{\mu}$ 的稳定性，定义为

$$T_{\tilde{\mu}} T^{l-1} G = T^l G$$

其中对于一般的策略 μ，T_μ 定义如下（使用第 3 章的抽象动态规划的符号）

$$(T_\mu J)(x) = g(x, \mu(x)) + J(f(x, \mu(x))), \forall x$$

在本图中，$l = 3$。

我们也期待随着前瞻最小化的长度 l 增大，MPC 控制器的稳定性提升。特别地，给定 $G \geqslant 0$，对于充分大的 l，所得的 MPC 控制器可能是稳定的，因为 $T^l G$ 通常收敛到 J^*，后者位于稳定域内。已知这类结果在 MPC 框架中在多种条件下成立（见 Mayne 等的论文 [MRR00]、Magni 等的论文 [MDM01]、MPC 书 [RMD17] 和作者的书 [Ber20a]3.1.2 节）。在这一上下文中，我们在 4.4 节和 4.6 节的稳定性的讨论也是相关的。

在另一种 MPC 的变形中，在末端费用函数近似 G 之外，我们使用截断滚动，这涉及连续 m 步运行某个稳定的基础策略 μ，见图 5.4.2。这非常类似标准截断滚动，唯一的区别在于当控制空间是无限时式 (5.10) 的前瞻最小化问题的计算求解可能变得复杂。正如在 3.3 节中讨论的，增加截断滚动的长度可扩大 MPC 控制器的稳定域。原因是通过增大截断滚动的长度，我们将牛顿步的起点推向稳定策略的费用函数 J_μ，后者位于稳定域之内（因为 $T J_\mu \leqslant T_\mu J_\mu = J_\mu$）；也见 4.7 节中关于线性二次型问题的讨论。基础策略可以用于处理状态约束；见 Rosolia 和 Borelli 的论文 [RoB17]、[RoB19] 及作者的强化学习一书 [Ber20a] 中的讨论。

MPC 的具有多个末端状态和基础策略的滚动变形

在 Li 等的论文 [LJM21] 中提出了另一种 MPC 的变形，与其在 l 步结束时将状态驱动到 0，我们考虑在 l 步时段的末尾有多个末端系统状态，以及为了滚动使用多个基础策

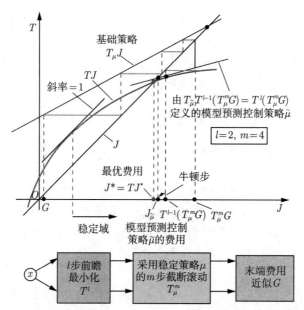

图 5.4.2　采用 l 步前瞻最小化、使用稳定基础策略 μ 的 m 步截断滚动及末端费用函数近似 G 的 MPC 机制，以及作为一步牛顿步的解释。在本图中，$l=2, m=4$。随着 m 增加，$T_\mu^m G$ 向着更接近 J_μ 的方向移动，后者位于稳定域内。

略。特别地，在这一机制中我们有有限大小的状态集合 $\mathcal{X}$ 和有限的稳定基础策略集合 $\mathcal{M}$，假设对所有的 $x \in \mathcal{X}$ 和 $\mu \in \mathcal{M}$ 已经离线地计算出费用函数取值 $J_\mu(x)$。在状态 x_k，为了计算 MPC 控制 $\tilde{u}_k$，我们对每个 $x \in \mathcal{X}$ 计算一个问题，这个问题与由经典形式的 MPC 求解的式 (5.6)~ 式 (5.9) 的问题相同，唯一区别在于末端状态 x_{k+l} 等于 x 而不是 $x_{k+l}=0$。问题如下：

$$\min_{u_t, t=k, k+1, \cdots, k+l-1} \sum_{t=k}^{k+l-1} g(x_t, u_t) \tag{5.12}$$

针对系统方程约束

$$x_{t+1} = f(x_t, u_t), t = k, k+1, \cdots, k+l-1 \tag{5.13}$$

控制约束

$$u_t \in U(x_t), t = k, k+1, \cdots, k+l-1 \tag{5.14}$$

和末端状态约束

$$x_{k+l} = x \tag{5.15}$$

令 $V(x_k; x)$ 为这个问题的最优值。已经对所有的 $x \in \mathcal{X}$ 计算出 $V(x_k; x)$，我们比较所有的值

$$V(x_k; x) + J_\mu(x), x \in \mathcal{X}, \mu \in \mathcal{M}$$

并找到达到 $V(x_k; x) + J_\mu(x)$ 最小值的 $(\bar{x}, \bar{\mu})$，然后定义 MPC 控制 $\tilde{u}_k$ 为达到 $x = \bar{x}$ 的对应问题式 (5.12)~ 式 (5.15) 的最小值的控制 u_k。

所以，在 MPC 的这一变形中，我们用经典形式的 MPC 求解这一类型的针对多个末端状态 x_{k+l} 取值的问题，然后基于"最优的"末端状态 $x \in \mathcal{X}$ 计算 MPC 控制，假设"最优的"基础策略 $\bar{\mu}$ 将在状态 $k+l$ 之后使用。通过使用 $\tilde{\mu}(x_k) = \tilde{u}_k$，可以在合适的条件下[①]证明 MPC 策略 $\tilde{\mu}$ 的费用函数 $J_{\tilde{\mu}}$，具有费用改进性质

$$J_{\tilde{\mu}}(x) \leqslant J_{\mu}(x), \forall x \in \mathcal{X}, \mu \in \mathcal{M} \tag{5.16}$$

见 [LJM21]。进一步，基于这一性质并假设基础策略 $\mu \in \mathcal{M}$ 稳定，于是有这样获得的 MPC 策略 $\tilde{\mu}$ 也是稳定的。

上述变形也适用于具有任意连续或者离散状态和控制空间的问题，只要基础策略满足这些约束上述变形也适用于处理状态约束。在这一情形中，状态约束被包括在 l 步问题式 (5.12)~ 式 (5.15) 的约束中。我们推荐论文 [LJM21]，其中的分析支持了上述结论，并将其推广到 X 是无限集合的情形，以及涉及多种问题的计算结果，这些问题具有离散和连续的状态和控制空间。

请注意使用多个基础策略来评价在给定状态的可用控制，以及选择获得最小费用的控制的思想，已经在最初提出这一思想的论文 [BTW97] 之后广为人知。这一机制的主要结论是费用改进性质，其中滚动策略性能同时优于所有的基础策略；参见式 (5.16)。这一性质也在 6.3 节和 6.4 节以及书 [Ber17a]、[Ber19a]、[Ber20a] 中进行了讨论。

采用确定性等价的随机 MPC

尽管在这一章我们集中关注确定性问题，但是存在 MPC 的变形，其中包括了对不确定性的处理。之前引用的书和论文包括了沿着这条线路的几种思想；如 Kouvaritakis 和 Cannon 的书 [KoC16]，Rawlings、Mayne 和 Diehl 的书 [RMD17]，以及 Mesbah 的综述 [Mes16]。按照这一关联也值得提及我们在 3.1 节中简要讨论的确定性等价方法。正如在那一节中注释的，当到达状态 x_k 时，可以将不确定量 $w_{k+1}, w_{k+2}, \cdots$ 替换为确定量 $\bar{w}_{k+1}, \bar{w}_{k+2}, \cdots$，而仅允许当前阶段 k 的扰动 w_k 保留随机特征，然后进行 MPC 计算。这一 MPC 计算并不比在确定性问题中困难许多，但仍然实现了求解相关联的贝尔曼方程的牛顿步；见在 3.2 节的讨论，以及强化学习一书 [Ber19a] 的 2.5.3 节。

状态约束、目标管道和离线训练

我们到目前为止的讨论略过了 MPC 的一个主要问题，即可能存在额外的状态约束，其形式为对所有的 k 有 $x_k \in X$，其中 X 是真实的状态空间的某个子集。确实 MPC 的许多最初工作受到具有状态约束的控制问题的启发，这些约束来自问题的物理约束，而且不能通过我们已经讨论的线性二次型问题的良好的无约束框架有效处理。

对状态约束的处理与目标管道的可达性理论有关，这首先由作者在博士论文 [Ber71] 中进行了研究，后续的论文包括 [BeR71]、[Ber72]；见书 [Ber17a]、[Ber19a]、[Ber20a]，其中采用了与本节一致的讨论视角。目标管道是状态约束集合 X 的子集 $\tilde{X}$，假设初始状态属于 $\tilde{X}$，那么在其中状态可以采用可行的控制选择无限地保持。换言之，一旦式 (5.10)

---

① 这些条件包括对每个 $x \in \mathcal{X}$，对某个 $\mu \in \mathcal{X}$ 有 $f(x, \mu(x)) \in \mathcal{X}$，这与在经典形式的 MPC 中假设原点是免费的且吸收的扮演了相同的角色。

的问题存在控制约束，即对所有的 $t = k+1, k+2, \cdots$ 有 $x_t \in X$，那么式 (5.10) 的问题可能并非对每个 $x_k \in X$ 都可行。然而，当 $x_k \in \tilde{X}$ 时 ($\tilde{X} \subset x$)，所有的约束条件 $x_t \in \tilde{X}, t = k+1, k+2, \cdots$ 描述了一个合适的目标管道。

存在几种方法使用这一性质计算集合 $\tilde{X}$，对此我们推荐作者上述的工作和 MPC 的参考文献；例如 Rawlings，Mayne 和 Diehl 的书 [RMD17] 和 Mayne 的综述 [May14]。这里的重要一点是目标管道的计算必须采用一种可用的计算方法离线进行，所以这变成离线训练的一部分（在末端费用函数 G 之外）。

离线训练过程可提供目标管道约束，即对所有的 k 有 $x_k \in \tilde{X}$，末端费用函数 G，以及可能一个或者多个对于截断滚动的基础策略。给定一个这样的离线训练过程后，MPC 变成一个在线对弈算法，对此我们之前的讨论适用。然而注意，在间接自适应控制语境中，模型在变化时被在线估计，可能难以在线重计算可用于加强问题状态约束的目标管道，尤其当状态约束自身作为变化的问题数据的一部分而变化时更是如此。这一点依赖于特定的问题，值得进一步关注。

5.5 注释与参考文献

关于 PID 控制的文献很多，其中包括 Aström 和 Hagglund 的书 [AsH95]、[AsH06]。对自适应控制的细致讨论，我们推荐以下的书 Aström 和 Wittenmark[AsW08]，Bodson[Bod20]，Govdwin 和 Sin[GoS84]，Ioannou 和 Sun[IoS96]，Jiang 和 Jiang[JiJ17]，Krstic、Kanellakopoulos 和 Kokotovic[KKK95]，Kokotovic[Kok91]，Kumar 和 Varaiya[KuV86]，Liu 等 [LWW17]，Lavretsky 和 Wise[LaW13]，Narendra 和 Annaswamy[NaA12]，Sastry 和 Bodson[SaB11]，Slotine 和 Li[SlL91] 及 Vrabie、Vamvoudakis 和 Lewis[VVL13]。

关于 MPC 的文献汗牛充栋，并且随时间推延已增长到包括问题和算法的变形与推广。对于其细致的讨论，我们推荐以下教材：Maciejowski[Mac02]，Goodwin、Seron 和 De Dona[GSD06]，Camacho 和 Bordons[CaB07]，Kouvaritakis 和 Cannon[KoC16]，Borrelli、Bemporad 和 Morari[BBM17] 及 Rawlings、Mayne 和 Diehl[RMD17]。

具有无限状态和控制空间的确定性最优控制可以表现出不寻常的、病态的行为。关于在这一设定的精确值迭代和策略迭代算法的分析，包括收敛性分析、每阶段费用非负的例子及反例，见作者的论文 [Ber17b] 和抽象动态规划一书 [Ber22a]。每阶段费用非正的情形已在自 Blackwell[Bla65] 开始的经典分析中处理；也见 [Str66]、[BeS78]、[YuB15]。

第 6 章 有限时段确定性问题——离散优化

在这一章，我们讨论有限时段确定性问题，主要关注当状态和控制空间有限的情形。在介绍这些问题之后，我们将论证它们可以被转化为无限时段 SSP 问题，通过使用人工免费的末端状态 t，系统将在时段末端移动到这个状态。一旦问题被转化为无限时段 SSP 问题，我们之前发展的值空间近似、离线训练、在线对弈以及牛顿法的思想就变成可用了。进一步，MPC 的思想易于适用于有限时段离散优化框架。

离散确定性问题的一个有趣的方面是其采用了我们到目前为止还没有讨论的推广，包括适用于约束形式的动态规划的变形，这涉及在整个系统轨迹上的约束，也允许使用启发式规则算法，比滚动语境下的策略更加一般。这些变形依赖于问题的确定性结构，而且不适用于随机问题。

离散确定性问题的另一个有趣的方面是它们可以用作一类重要的经常遇到的离散优化问题的框架，包括整数规划和组合问题（如调度、指派、路由等）。这将承受滚动、值空间近似和 MPC 的方法论，并提供对这类问题的有效的次优求解方法。本章将提供简要的总结，旨在建立值空间近似和牛顿法之间的联系。另外的讨论可以在作者的 [Ber20a] 一书中找到。

6.1 确定性离散空间有限时段问题

在确定性有限时段动态规划问题中，状态非随机地在 N 个阶段上生成，涉及如下形式的系统：

$$x_{k+1} = f_k(x_k, u_k), \qquad k = 0, 1, \cdots, N-1 \tag{6.1}$$

其中 k 是时间索引；x_k 是系统的状态，是某个状态空间 X_k 中的一个元素；u_k 是控制或者决策变量，在 k 时刻需要从某个给定的集合 $U_k(x_k)$ 中选出，后者是控制空间 U_k 的一个子集，且依赖 x_k；f_k 是 (x_k, u_k) 的函数，描述了状态从 k 时刻更新到 $k+1$ 时刻的机制。

状态空间 X_k 和控制空间 U_k 可以是任意集合且可能依赖于 k。类似地，系统函数 f_k 可以是任意的且可能依赖于 k。在 k 时刻产生的费用标记为 $g_k(x_k, u_k)$，函数 g_k 可以依赖于 k。对于给定的初始状态 x_0，控制序列 $\{u_0, u_1, \cdots, u_{N-1}\}$ 的总费用是

$$J(x_0; u_0, u_1, \cdots, u_{N-1}) = g_N(x_N) + \sum_{k=0}^{N-1} g_k(x_k, u_k) \tag{6.2}$$

其中 $g_N(x_N)$ 是在这个过程结束时出现的末端费用。这是一个良好定义的数字，因为控制序列 $\{u_0, u_1, \cdots, u_{N-1}\}$ 与 x_0 一起通过系统方程 (6.1) 精确确定了状态序列 $\{x_1, x_2, \cdots, x_N\}$，见图 6.1.1。我们希望在所有满足控制约束的序列 $\{u_0, u_1, \cdots, u_{N-1}\}$ 上最小化式 (6.2) 的费用，于是获得最优值为 x_0 的一个函数

$$J^*(x_0) = \min_{u_k \in U_k(x_k), k=0,1,\cdots,N-1} J(x_0; u_0, u_1, \cdots, u_{N-1})$$

注意与随机情形的一个重要的区别：我们在控制序列 $\{u_0, u_1, \cdots, u_{N-1}\}$ 上进行优化，而不是在由函数序列 $\pi = \{\mu_0, \mu_1, \cdots, \mu_{N-1}\}$ 构成的策略上进行优化，其中 μ_k 将状态 x_k 映射成控制 $u_k = \mu_k(x_k)$，并且对所有的 x_k 满足控制约束 $\mu_k(x_k) \in U_k(x_k)$。众所周知，在

存在随机不确定性时，策略比控制序列更加有效，且可以获得改进的费用。另外，对于不确定性问题，最小化控制序列与最小化策略将获得相同的最优费用，因为任意策略从给定状态开始的费用确定了在每个未来状态应施加的控制，相应的，通过给定控制序列也可获得这一费用。这一视角允许更加一般形式的滚动，我们将在这一章讨论不使用策略进行滚动，而允许使用更一般性的启发式规则选择未来的控制。

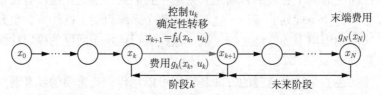

图 6.1.1　确定性 N 阶段最优控制问题的示意图。从状态 x_k 开始，在控制 u_k 作用之下，按照 $x_{k+1} = f_k(x_k, u_k)$，非随机地生成下一个状态，并产生阶段费用 $g_k(x_k, u_k)$。

离散最优控制——转化为无限时段问题

存在许多控制空间天然是离散的，并且由有限多的元素构成的情形。在这一节，我们均假设控制空间是有限的，也将隐含地假设单个或者最多有限多个可能的初始状态，这样可以在每个阶段生成的状态的数量也是有限的。这类问题可以简便地使用无环图描述，为每个状态 x_k 指定到下一个状态 x_{k+1} 的可能转移。图中的节点对应状态 x_k，图中的弧对应状态-控制对 (x_k, u_k)。每条弧的起点 x_k 对应单个控制选择 $u_k \in U_k(x_k)$，且以下一个状态 $f_k(x_k, u_k)$ 为终点。一条弧 (x_k, u_k) 的费用定义为 $g_k(x_k, u_k)$，见图 6.1.2。为了处理最后一个阶段，加入人工末端节点 t。在阶段 N 的每个状态 x_N 用一条费用为 $g_N(x_N)$ 的弧关联到末端节点 t。

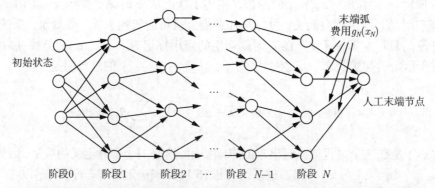

图 6.1.2　具有有限控制空间和有限数量的初始状态的确定性系统的转移图。节点对应状态 x_k；弧对应状态-控制对 (x_k, u_k)；一条弧 (x_k, u_k) 分别有起点 x_k 和终点 $x_{k+1} = f_k(x_k, u_k)$；转移费用 $g_k(x_k, u_k)$ 被视作这条弧的长度。这个问题等价于找到从阶段 0 的初始节点到人工末端节点 t 的最短路。

注意控制序列 $\{u_0, u_1, \cdots, u_{N-1}\}$ 从某初始状态（阶段 0 的一个节点）开始，终止于某终了状态（最终阶段 N 的一个节点）。如果我们将弧的费用视为其长度，可以看到确定性有限状态有限时段问题等价于找到从图的初始节点（阶段 0）到末端节点 t 的最短长度（或者最短）路径。这里，路径的长度意味着其弧长之和。结果其反过来也成立：每个涉及有正长度的环路的最短路问题可以被转化为离散最优控制问题。这个事实是重要的，但是对我们没有用，所以不在这里进一步考虑这一点（见 [Ber17a] 第 2 章中的深入讨论）。

有限状态和控制空间有限时段确定性问题与最短路问题的联系对于我们的目的是重要的，因为这搭建了通往无限时段 SSP 问题的桥梁，并且通过推广，可以使用我们之前在值空间近似、牛顿法、滚动和 PI 算法的推导。识别这个 SSP 问题具有一些额外的特征。这包括如下内容。

（a）这个等价的 SSP 涉及一个确定性系统，存在有限数量的状态和控制，涉及无环图。SSP 的状态是状态-时间对 $(x_k, k), k = 0, 1, \cdots, N$，其中 x_k 是从某个初始状态 x_0 使用可行控制序列在阶段 k 达到的某个状态。这样的初始状态 x_0 存在有限多个，这样的 x_k 存在有限多的取值可能，其集合构成 X_k。从状态 (x_k, k) 到状态 $(x_{k+1}, k+1)$ 的可能转移对应于满足

$$x_{k+1} = f_k(x_k, u_k)$$

的控制 $u_k \in U_k(x_k)$。

（b）SSP 的状态空间倾向于随着时段 N 变得更长而扩大。尽管这趋向于让 PI 算法的使用变得更加复杂，但是并不在数学上影响滚动的使用。

（c）SSP 的最优费用函数从有限时段问题的最优费用函数获得，这由稍后将给出的动态规划算法产生。这一动态规划算法可以被视作 SSP 的贝尔曼方程。

精确动态规划算法

有限时段确定性问题的动态规划算法基于一个简单的思想——最优性原理，这指出最优费用函数可以按照后向分片的形式构造出来：首先对涉及最后一个阶段的"尾部子问题"计算最优费用函数，然后计算涉及最后两个阶段的"尾部子问题"，并按这样继续下去直到整个问题的最优费用函数被构造出来。

通过将最优性原理翻译成数学语言，我们就获得了动态规划算法。这一方法序贯地构造函数

$$J_N^*(x_N), J_{N-1}^*(x_{N-1}), \cdots, J_0^*(x_0)$$

从 J_N^* 开始，并且后向得到 J_{N-1}^*、J_{N-2}^* 等。$J_k^*(x_k)$ 的取值将被视作从 k 时刻的状态 x_k 开始并且终于状态 x_N 的尾部子问题的最优费用。

确定性有限时段问题的动态规划算法

从

$$J_N^*(x_N) = g_N(x_N), \forall x_N \tag{6.3}$$

开始，对 $k = 0, 1, \cdots, N-1$，令

$$J_k^*(x_k) = \min_{u_k \in U_k(x_k)} \left[g_k(x_k, u_k) + J_{k+1}^* \left(f_k(x_k, u_k) \right) \right], \forall x_k \tag{6.4}$$

注意在阶段 k，在前进到阶段 $k-1$ 之前，式 (6.4) 的计算必须对所有的状态 x_k 进行。关于动态规划算法的关键事实是对每个初始状态 x_0，在最后一步获得的数值 $J_0^*(x_0)$ 等于

最优费用 $J^*(x_0)$。确实，可以证明更加通用的事实，即对所有的 $k = 0, 1, \cdots, N-1$ 和所有在 k 时刻的状态 x_k，我们有

$$J_k^*(x_k) = \min_{u_m \in U_m(x_m), m=k, \cdots, N-1} J(x_k; u_k, \cdots, u_{N-1}) \tag{6.5}$$

其中 $J(x_k; u_k, \cdots, u_{N-1})$ 是从 x_k 开始使用后续的控制 $u_k, \cdots, u_{N-1}$ 产生的费用：

$$J(x_k; u_k, \cdots, u_{N-1}) = g_N(x_N) + \sum_{t=k}^{N-1} g_t(x_t, u_t)$$

所以，$J_k^*(x_k)$ 对于一个从 k 时刻的状态 x_k 开始并且终止于 N 时刻的 $(N-k)$ 阶段的尾部子问题是最优的。基于式 (6.5) 对于 $J_k^*(x_k)$ 的解释，我们称其为从阶段 k 的状态 x_k 开始的最优后续费用，并且称 J_k^* 为 k 时刻的最优后续费用函数或者最优费用函数。

一旦已经获得函数 $J_0^*, J_1^*, \cdots, J_N^*$，我们就使用前向算法对给定的初始状态 x_0 构造最优控制序列 $\{u_0^*, u_1^*, \cdots, u_{N-1}^*\}$ 和状态轨迹 $\{x_1^*, x_2^*, \cdots, x_N^*\}$。

最优控制序列 $\{u_0^*, u_1^*, \cdots, u_{N-1}^*\}$ 的构造

设定

$$u_0^* \in \arg \min_{u_0 \in U_0(x_0)} \left[g_0(x_0, u_0) + J_1^*(f_0(x_0, u_0)) \right]$$

以及

$$x_1^* = f_0(x_0, u_0^*)$$

序贯地，前向推进，对 $k = 1, 2, \cdots, N-1$，设定

$$u_k^* \in \arg \min_{u_k \in U_k(x_k^*)} \left[g_k(x_k^*, u_k) + J_{k+1}^*(f_k(x_k^*, u_k)) \right] \tag{6.6}$$

以及

$$x_{k+1}^* = f_k(x_k^*, u_k^*)$$

注意最优控制序列构造的一个有趣的概念上的划分：可以通过预计算用"离线训练"获得 J_k^*[参见式 (6.3) 和式 (6.4)] 的动态规划。然后接着实时地"在线对弈"以获得 u_k^*[参见式 (6.6)]。这与在第 1 章中描述的国际象棋和西洋双陆棋两个算法过程类似。

6.2 一般离散优化问题

离散确定性优化问题，包括有挑战性的组合问题，可以典型地通过将每个可行解分解成一系列的决策控制建模成动态规划问题。这一建模经常由于随着时间推延状态数量指数爆炸导致精确动态规划计算量过大。然而，动态规划模型可以引出近似动态规划方法，如滚动和稍后讨论的其他方法，可以处理指数增加的状态空间。我们通过一个例子解释这个重新建模，然后进行推广。

例 6.2.1（旅行商问题）

调度一系列操作的一个重要模型是经典的旅行商问题。这里我们给定 N 座城市以及每对城市之间的旅行时间。希望找到只访问每座城市一次并回到开始城市的最短旅行时间。为了将这个问题转化成一个动态规划问题，我们构建一张图，其中的节点是 k 座不同的城市构成的序列，其中 $k = 1, 2, \cdots, N$。k 城市序列对应于第 k 阶段的状态。初始状态 x_0 由某座城市构成，取为起点（图 6.2.1 的例子中为城市 A）。为一个 k 城市节点 (状态) 增加一座新城市可导出一个 $(k+1)$ 城市节点 (状态)，相应的费用为最后两座城市之间的旅行时间，见图 6.2.1。将每条 N 座城市构成的序列用一条弧连到一个人工末端节点 t，这条弧的费用等于从序列的末端城市到起始城市的旅行时间。这样就完成了到动态规划问题的转化。

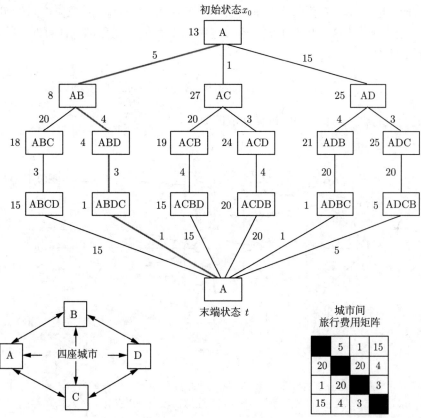

图 6.2.1 旅行商问题的动态规划建模示例。四座城市 A、B、C 和 D 之间的旅行时间示于底部的矩阵中。我们构建一个图，其节点是 k 城市序列并对应第 k 阶段的状态，假设 A 是起点城市。转移费用/旅行时间示于弧旁。最优后续费用由动态规划从末端状态开始朝着初始状态后向前进地生成出来，并示于节点旁。这里存在唯一最优序列（ABDCA），用粗线标出。可以从初始状态 x_0 出发通过前向最小化获得最优序列 [参见式 (6.6)]。

从每个节点到末端状态的最优后续费用可以通过动态规划算法获得，并且示于节点旁。然而注意，节点的数量随着城市数目 N 的增加指数增加。当 N 取值大时动态规划难以处理。结果大规模的旅行商问题和相关的调度问题通常用近似方法处理，其中一些基于动态规划，将稍后讨论。

现在将之前例子的思想推广到一般的离散优化问题

$$\min G(u)$$

$$\text{s.t. } u \in U$$

其中 U 是可行解构成的有限集合，$G(u)$ 是费用函数。假设每个解 u 有 N 个元素，即，其形式为 $u = (u_0, u_1, \cdots, u_{N-1})$，其中 N 是正整数。我们可以将问题视作序贯决策问题，其中元素 $u_0, u_1, \cdots, u_{N-1}$ 以每次一个的方式被选中。一个包括一个解的前 k 个元素的 k 元组 $(u_0, u_1, \cdots, u_{k-1})$ 称为一个 k 解。我们将 k 解关联到图 6.2.2 中所示的有限时段动态规划问题的第 k 阶段。特别地，对于 $k = 1, 2, \cdots, N$，我们将所有的 k 元组 $(u_0, u_1, \cdots, u_{k-1})$ 视作第 k 阶段的状态。对于阶段 $k = 0, 1, \cdots, N-1$，我们将 u_k 视作控制。初始状态是人工状态，记为 s。从这一状态出发，通过应用 u_0，我们可以移动到任意的"状态"（u_0），其中 u_0 属于集合

$$U_0 = \left\{ \tilde{u}_0 \mid \text{存在一个形式为} (\tilde{u}_0, \tilde{u}_1, \cdots, \tilde{u}_{N-1}) \in U \text{的解} \right\} \tag{6.7}$$

于是 U_0 是与可行性一致的 u_0 的选择构成的集合。

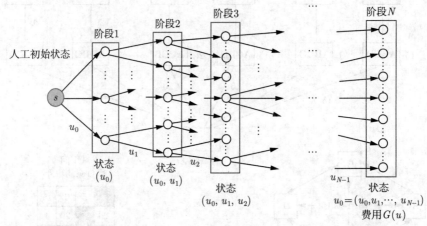

图 6.2.2　将一个离散优化问题建模为一个 N 阶段动态规划问题。仅在最后阶段连接一个 N 解 $u = (u_0, u_1, \cdots, u_{N-1})$ 与末端状态的弧上有费用 $G(u)$。注意在每个节点仅有一条入弧。

更一般地，从状态 $(u_0, u_1, \cdots, u_{k-1})$，我们可以移动到任意形式为 $(u_0, u_1, \cdots, u_{k-1}, u_k)$ 的状态，取决于选择属于如下集合的控制 u_k：

$$U_k(u_0, u_1, \cdots, u_{k-1}) = \{ u_k \mid \text{对某个} \bar{u}_{k+1}, \cdots, \bar{u}_{N-1} \text{我们有}$$

$$(u_0, \cdots, u_{k-1}, u_k, \bar{u}_{k+1}, \cdots, \bar{u}_{N-1}) \in U \} \tag{6.8}$$

这些 u_k 的选择与之前选择的 $u_0, u_1, \cdots, u_{k-1}$ 一致，也与可行性一致。最后一个阶段对应 N 解 $u = (u_0, u_1, \cdots, u_{N-1})$，且末端费用是 $G(u)$，见图 6.2.2。这个动态规划问题模型中所有其他的转移的费用均为 0。

令 $J_k^*(u_0, u_1, \cdots, u_{k-1})$ 表示从 k 解 $(u_0, u_1, \cdots, u_{k-1})$ 开始的最优费用，即该问题在所有前 k 个元素被限制为等于 $u_0, u_1, \cdots, u_{k-1}$ 时的最优费用。动态规划算法由如下方程描述：

$$J_k^*(u_0, u_1, \cdots, u_{k-1}) = \min_{u_k \in U_k(u_0, u_1, \cdots, u_{k-1})} J_{k+1}^*(u_0, u_1, \cdots, u_{k-1}, u_k)$$

具有末端条件

$$J_N^*(u_0, u_1, \cdots, u_{N-1}) = G(u_0, u_1, \cdots, u_{N-1})$$

这一算法随时间后向执行：从已知函数 $J_N^* = G$ 开始，计算 J_{N-1}^*，然后是 J_{N-2}^*，如此直到计算 J_0^*。最优解 $(u_0^*, u_1^*, \cdots, u_{N-1}^*)$ 于是可以前向地通过如下算法构造出来：

$$u_k^* \in \arg \min_{u_k \in U_k(u_0^*, u_1^*, \cdots, u_{k-1}^*)} J_{k+1}^*(u_0^*, u_1^*, \cdots, u_{k-1}^*, u_k), k = 0, 1, \cdots, N-1 \qquad (6.9)$$

其中 U_0 由式 (6.7) 给定，U_k 由式 (6.8) 给定：首先计算 u_0^*，然后计算 u_1^*，这样直到 u_{N-1}^*，参见式 (6.6)。

当然这里状态的数量典型地随着 N 指数增加，但是我们使用式 (6.9) 的动态规划最小化作为近似方法的一个起点。例如，我们可以尝试使用值空间近似，其中我们在式 (6.9) 中将 J_{k+1}^* 替换为某个次优的 $\tilde{J}_{k+1}$。一种可能性是将前 $k+1$ 个决策元素分别固定在 $u_0^*, u_1^*, \cdots, u_{k-1}^*, u_k$，然后次优地求解问题，用这一启发式规则方法产生的费用作为

$$\tilde{J}_{k+1}(u_0^*, u_1^*, \cdots, u_{k-1}^*, u_k)$$

这是滚动算法，是近似组合优化的非常简单且有效的方法。

最后指出，尽管我们在本节的离散优化模型中已经使用了一般性的费用函数 G 和约束集合 U，但在许多问题中 G 或 U 可能具有特殊结构，这与序贯决策过程一致。例 6.2.1 的旅行商是一个这样的例子，其中 G 由 N 个元素构成（城市之间的旅行费用），每阶段一个。

6.3 值空间近似

只有在我们已经通过动态规划对所有的 x_k 和 k 计算出 $J_k^*(x_k)$ 之后式 (6.6) 的前向最优控制序列构建才有可能。不幸的是，在实际中因为非常耗时，经常难以承受，因为 x_k 和 k 的数量可能非常大。然而，如果最优后续费用函数 J_k^* 被替换为某个近似 $\tilde{J}_k$，那么类似的前向算法过程可以使用。这是我们之前在无限时段问题中讨论的值空间近似的思想。这基于在式 (6.6) 的动态规划过程中用 $\tilde{J}_k$ 替换掉 J_k^* 构成了次优解 $(\tilde{u}_0, \tilde{u}_1, \cdots, \tilde{u}_{N-1})$ 而不是最优的 $\{u_0^*, u_1^*, \cdots, u_{N-1}^*\}$。我们在第 3 章中分析了无限时段问题，并将确定性有限时段问题解释为无限时段 SSP，基于这些内容对应的单步前瞻策略的费用函数可以被视作求解贝尔曼方程的牛顿步的结果，即，从点 $(\tilde{J}_1, \tilde{J}_2, \cdots, \tilde{J}_N)$ 开始的式 (6.4) 的动态规划算法。

值空间近似——用 $\tilde{J}_k$ 替换 J_k^*

从

$$\tilde{u}_0 \in \arg\min_{u_0 \in U_0(x_0)} \left[g_0(x_0, u_0) + \tilde{J}_1(f_0(x_0, u_0)) \right]$$

开始并设定

$$\tilde{x}_1 = f_0(x_0, \tilde{u}_0)$$

序贯地，前向推进，对 $k = 1, 2, \cdots, N-1$，令

$$\tilde{u}_k \in \arg\min_{u_k \in U_k(\tilde{x}_k)} \left[g_k(\tilde{x}_k, u_k) + \tilde{J}_{k+1}(f_k(\tilde{x}_k, u_k)) \right] \tag{6.10}$$

且

$$\tilde{x}_{k+1} = f_k(\tilde{x}_k, \tilde{u}_k)$$

所以在值空间的近似中次优序列 $\{\tilde{u}_0, \tilde{u}_1, \cdots, \tilde{u}_{N-1}\}$ 的计算前向进行（一旦近似后续费用函数 $\tilde{J}_k$ 可用就不再需要后向的计算了）。这与最优序列 $\{u_0^*, u_1^*, \cdots, u_{N-1}^*\}$ 的计算类似 [参见式 (6.6)]，且这一性质与函数 $\tilde{J}_k$ 如何计算无关。

另一种式 (6.4) 的动态规划算法的替代（而且等价）形式是间接地使用最优后续费用函数 J_k^*。特别地，其生成最优 Q-因子，对所有的 (x_k, u_k) 对和 k 定义为

$$Q_k^*(x_k, u_k) = g_k(x_k, u_k) + J_{k+1}^*(f_k(x_k, u_k)) \tag{6.11}$$

所以最优 Q-因子就是在式 (6.4) 的动态规划方程右侧最小化的表达式。

注意，最优费用函数 J_k^* 可以通过最小化

$$J_k^*(x_k) = \min_{u_k \in U_k(x_k)} Q_k^*(x_k, u_k) \tag{6.12}$$

从最优 Q-因子 Q_k^* 恢复出来。进一步，式 (6.4) 的动态规划算法可以写成只涉及 Q-因子的本质上等价的形式 [参见式 (6.11) 和式 (6.12)]：

$$Q_k^*(x_k, u_k) = g_k(x_k, u_k) + \min_{u_{k+1} \in U_{k+1}(f_k(x_k, u_k))} Q_{k+1}^*(f_k(x_k, u_k), u_{k+1})$$

对此的精确和近似形式以及其他相关的算法，包括随机最优控制问题的对应算法，构成了一类重要的强化学习方法，称为Q-学习。

表达式

$$\tilde{Q}_k(x_k, u_k) = g_k(x_k, u_k) + \tilde{J}_{k+1}(f_k(x_k, u_k))$$

在值空间近似中被最小化 [参见式 (6.10)]，这个表达式被称为 (x_k, u_k) 的（近似）Q-因子。注意，对式 (6.10) 的次优控制的计算可以通过 Q-因子最小化进行

$$\tilde{u}_k \in \arg\min_{u_k \in U_k(\tilde{x}_k)} \tilde{Q}_k(\tilde{x}_k, u_k)$$

由此可见，在值空间近似机制中可以使用离线训练出的近似 Q-因子替代费用函数。然而，与式 (6.10) 的费用近似机制及其多步版本相反，其性能可能通过 Q-因子的离线训练降低（取决于训练如何进行）。

多步前瞻

式 (6.10) 的值空间近似算法涉及单步前瞻最小化，因为其对每个 k 求解了一个单阶段的动态规划问题。我们也可以考虑 l 步前瞻，这涉及求解一个 l 步的动态规划问题，其中 l 是整数，$1 < l < N - k$，且使用末端费用函数近似 $\tilde{J}_{k+l}$。这与我们在第 2 章中讨论过的无限时段情形类似。正如我们在那一节注意到的，在强化学习近似机制中，多步前瞻通常提供了比单步前瞻更好的性能。例如，在阿尔法零国际象棋中，长程多步前瞻对于好的在线性能至关重要。在负面影响中，多步前瞻优化问题的求解，而不是对式 (6.10) 的单步前瞻版本的求解，变得更加耗时。

滚动

与无限时段问题类似，在值空间近似式 (6.10) 的一个主要问题是如何构造合适的近似后续费用函数 $\tilde{J}_{k+1}$。这可以用多种方式进行，包括一些主要的强化学习方法。例如，$\tilde{J}_{k+1}$ 可以用复杂的离线训练方法构造出来，正如 1.1 节在国际象棋和西洋双陆棋中讨论的那样。当问题被视为无限时段 SSP 问题时，就可以应用近似形式的 PI 方法，这里可能使用到神经网络。另一种可能性是拟合值迭代方法，这在 [Ber19a] 一书的 4.3 节和 [Ber20a] 一书的 4.3.1 节中进行了描述。

取而代之，$\tilde{J}_{k+1}$ 可以用滚动在线获得，其中在需要时，从 x_{k+1} 开始运行多步启发式控制机制，称为基础启发式规则，获得近似值 $\tilde{J}_{k+1}(x_{k+1})$。[①] 基础启发式规则未必是一个策略。这可以是任意方法，从状态 x_{k+1} 开始产生一系列控制 $u_{k+1}, \cdots, u_{N-1}$，对应的状态序列 $x_{k+2}, \cdots, x_N$，以及从 x_{k+1} 开始的启发式规则的费用，在本章一般记为 $H_{k+1}(x_{k+1})$：

$$H_{k+1}(x_{k+1}) = g_{k+1}(x_{k+1}, u_{k+1}) + \cdots + g_{N-1}(x_{N-1}, u_{N-1}) + g_N(x_N)$$

$H_{k+1}(x_{k+1})$ 的值是在对应的值空间近似机制式 (6.10) 中用作近似后续费用 $\tilde{J}_{k+1}(x_{k+1})$ 的那一个。这里重要的一点是确定性问题对滚动有特别的吸引力，因为不需要昂贵的在线蒙特卡洛仿真计算费用函数的取值 $\tilde{J}_{k+1}(x_{k+1})$。

也有其他几种滚动的变形，如涉及截断、多步前瞻和其他的可能性。特别地，截断滚动综合使用了单步优化、对基础策略仿真一定步数 m，然后在仿真的费用上加上近似费用 $\tilde{J}_{k+m+1}(x_{k+m+1})$，这取决于在滚动结束时获得的状态 x_{k+m+1}。注意，如果放弃使用基础启发式规则（即 $m = 0$），就退化为值空间近似的通用机制的一种特例。采用多步前瞻

---

① 在序贯一致性（该启发式规则可能不够作为一个合法的动态规划策略）的符号体系下，对于确定性问题，我们推荐使用"基础启发式规则"而不是"基础策略"，其原因稍后在本章解释。特别地，如果基础启发式规则从状态 x_k 开始产生了序列 $\{\tilde{u}_k, \tilde{x}_{k+1}, \tilde{u}_{k+1}, \tilde{x}_{k+2}, \cdots, \tilde{u}_{N-1}, \tilde{x}_N\}$，那么未必从状态 $\tilde{x}_{k+1}$ 开始将产生序列 $\{\tilde{u}_{k+1}, \tilde{x}_{k+2}, \cdots, \tilde{u}_{N-1}, \tilde{x}_N\}$（如果启发式规则是合法的策略，那么这一点将成立）。更一般地，基础启发式规则用于从某个状态开始完成系统轨迹的方法可能与用于从另一个状态开始完成轨迹的方法非常不同。在任意情形下，如果基础启发式规则不是合法的策略，那么将 $H_{k+1}(x_{k+1})$ 用作末端费用函数近似，可获得一种值空间近似的机制，这可以被解释为一个牛顿步。

最小化的截断滚动版本也是可能的。滚动的其他变形包括涉及多个启发式规则、与其他形式的值空间近似方法结合、多步前瞻等，将在本章稍后描述。我们接下来深入讨论滚动的变形。

6.4 离散优化的滚动算法

我们现在细致推导确定性问题的滚动理论，包括费用改进的中心问题。我们将解释方法的几种变形，考虑实现效率的问题，然后讨论离散优化应用的例子。

考虑具有有限多控制和给定初始状态的确定性动态规划问题（于是从初始状态可到达的状态的数量也是有限的）。首先关注使用单步前瞻和无末端费用近似的纯粹形式的滚动。给定 k 时刻的状态 x_k，这一算法考虑从每个可能的下一个状态 x_{k+1} 开始的所有尾部子问题，使用某个算法次优地求解它们，称为基础启发式规则。

所以当在 x_k 时，滚动算法对所有的 $u_k \in U_k(x_k)$ 在线地产生下一个状态 x_{k+1}，并使用基础启发式规则计算状态序列 $\{x_{k+1}, \cdots, x_N\}$ 和控制序列 $\{u_{k+1}, \cdots, u_{N-1}\}$ 满足

$$x_{t+1} = f_t(x_t, u_t), t = k, \cdots, N-1$$

和对应的费用

$$H_{k+1}(x_{k+1}) = g_{k+1}(x_{k+1}, u_{k+1}) + \cdots + g_{N-1}(x_{N-1}, u_{N-1}) + g_N(x_N)$$

对于从阶段 k 到 N 的尾部费用表达式

$$g_k(x_k, u_k) + H_{k+1}(x_{k+1})$$

在 $u_k \in U_k(x_k)$ 上进行最小化。滚动算法于是应用这一结果作为控制。

等价地，更加简洁的形式是，滚动算法在状态 x_k 应用由最小化

$$\tilde{\mu}_k(x_k) \in \arg\min_{u_k \in U_k(x_k)} \tilde{Q}_k(x_k, u_k) \tag{6.13}$$

给定的控制 $\tilde{\mu}(x_k)$，其中 $\tilde{Q}_k(x_k, u_k)$ 是由

$$\tilde{Q}_k(x_k, u_k) = g_k(x_k, u_k) + H_{k+1}(f_k(x_k, u_k)) \tag{6.14}$$

定义的近似 Q-因子，见图 6.4.1。滚动定义了次优策略 $\tilde{\pi} = \{\tilde{\mu}_0, \tilde{\mu}_1, \cdots, \tilde{\mu}_{N-1}\}$，称为滚动策略，其中对每个 x_k 和 k，$\tilde{\mu}_k(x_k)$ 是由式 (6.13) 的 Q-因子最小化产生的控制。

注意滚动算法需要运行基础启发式规则一定次数不超过 Nn，其中 n 是在每个状态可用的控制选择的数量上界。所以如果 n 远小于 N，其需要的计算量等于 N 的小倍数乘以单次使用基础启发式规则所需要的计算时间。类似地，如果 n 由 N 的多项式作为上界，那么滚动算法的计算时间与基础启发式规则的计算时间的比是 N 的多项式。

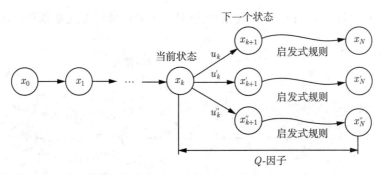

图 6.4.1　对一个确定性问题使用单步前瞻滚动的示意图。在状态 x_k，对每一对 $(x_k,u_k),u_k \in U_k(x_k)$，基础启发式规则生成一个 Q-因子

$$\tilde{Q}_k(x_k,u_k) = g_k(x_k,u_k) + H_{k+1}(f_k(x_k,u_k))$$

滚动算法选择具有最小 Q-因子的控制 $\tilde{\mu}_k(x_k)$。

例 6.4.1（旅行商问题）

考虑例 6.2.1 的旅行商问题，其中一个商人想找到对 N 座给定城市 $c = 0,1,\cdots,N-1$ 中的每一座都访问一次且仅一次并且最终返回开始城市的路线中费用最小的一条。我们为每对不同的城市 c,c' 关联一个旅行费用 $g(c,c')$。注意假设可以直接从一座城市到任意其他城市。这样做不失一般性，因为我们可以为解中提前排除的每对城市 (c,c') 设定非常高的费用 $g(c,c')$。于是问题就是找到一个访问顺序通过每座城市刚好一次且费用之和最小。

存在许多求解旅行商问题的启发式方法。出于介绍的目的，让我们集中在简单的最近邻启发式规则，这从一个部分的旅程开始，即一个由不同城市构成的有序集合，并构造一系列部分的旅程，在每个部分的旅程基础上增加一个新的城市不形成环路而且让扩大后的费用最小。特别地，给定由不同城市构成的序列 $\{c_0,c_1,\cdots,c_k\}$，最近邻启发式规则在所有的城市 $c_{k+1} \neq c_0,c_1,\cdots,c_k$ 中增加可以最小化 $g(c_k,c_{k+1})$ 的城市 c_{k+1}，于是构成了序列 $\{c_0,c_1,\cdots,c_k,c_{k+1}\}$。继续这样推进，启发式规则最终构成了 N 座城市的序列，$\{c_0,c_1,\cdots,c_{N-1}\}$，于是获得了完整的旅程，且费用为

$$g(c_0,c_1) + \cdots + g(c_{N-2},c_{N-1}) + g(c_{N-1},c_0) \tag{6.15}$$

我们可以将旅行商问题建模成动态规划问题，正如在例 6.2.1 中所讨论的那样选择一座开始的城市，比如 c_0，作为初始状态 x_0。每个状态 x_k 对应由不同的城市构成的部分的旅程 $(c_0,c_1,\cdots,c_k)$。紧接着 x_k 的状态 x_{k+1} 是形式为 $(c_0,c_1,\cdots,c_k,c_{k+1})$ 的序列，对应增加一个未访问过的城市 $c_{k+1} \neq c_0,c_1,\cdots,c_k$（于是未访问过的城市是在给定的部分旅程/状态下的可行控制）。末端状态 x_N 是形式为 $(c_0,c_1,\cdots,c_{N-1},c_0)$ 的完整旅程，对应的城市选择的序列的费用是由式 (6.15) 给出的完整旅程的费用。注意阶段 k 的状态数量随着 k 指数增加，精确动态规划求解问题所需要的计算量也是如此。

现在让我们使用最近邻方法作为基础启发式策略。对应的滚动算法如下运行：在 $k < N-1$ 次迭代之后，我们有状态 x_k，即由不同城市构成的序列 $\{c_0,c_1,\cdots,c_k\}$。在下一次迭代，我们通过从每个形式为 $\{c_0,c_1,\cdots,c_k,c\}$ 的序列开始，其中 $c \neq c_0,c_1,\cdots,c_k$，运行最近邻启发式规则增加一座城市。我们然后选择在最近邻启发式规则下获得最小费用的城市 c 作为下一座城市 c_{k+1}，见图 6.4.2。滚动求解的总计算量以 N 的多项式作为上界，远

小于精确动态规划计算。图 6.4.3 提供的例子对比了最近邻启发式规则和对应的滚动算法。

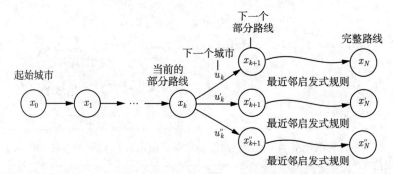

图 6.4.2 对旅行商问题使用最近邻启发式规则的滚动。初始状态 x_0 由单座城市构成。最终状态 x_N 是包括每座城市仅一次的 N 座城市的完整路线。

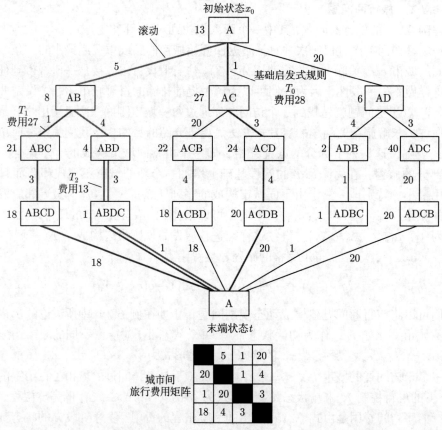

图 6.4.3 使用最近邻基础启发式规则滚动的旅行商问题示例。在城市 A，最近邻启发式规则产生路线 ACDBA（标记为 T_0）。在城市 A，滚动算法比较路线 ABCDA、ACDBA 和 ADCBA，发现 ABCDA（标记为 T_1）费用最小，于是移动到城市 B。在 AB，滚动算法比较路线 ABCDA 和 ABDCA，发现 ABDCA（标记为 T_2）费用最小，于是移动到城市 D。之后滚动算法移动到城市 C 和 A（没有其他选择）。注意该算法生成了三条路线/解——T_0、T_1 和 T_2，分别具有下降的费用 28、27 和 13。第一条路线 T_0 由基础启发式规则从初始状态出发生成，而最后一条路线 T_2 由滚动生成。这提示了我们稍后将证明的一个一般性的结论：滚动解的费用优于基础启发式规则解。实际上由滚动生成的路线 T_2 是最优的，但这只是个巧合。

采用滚动的费用改进——序贯一致性

滚动算法的定义保留了对基础启发式规则的选取的自由。存在几种次优求解方法可以用作基础启发式规则，如贪婪算法、局部搜索、遗传算法等。

直观地，我们期待滚动策略的性能不差于基础启发式规则的性能，因为滚动对应用启发式之前的第一个控制进行优化，推断其性能优于不优化第一个控制直接应用启发式是没有道理的。然而，一些特殊的条件必须成立方可保证这一费用改进性质。我们提供两个这样的条件：序贯一致性和序贯改进性，由 Bertsekas、Tsitsiklis 和 Wu 在论文 [BTW97] 中引入，我们稍后证明如何修改算法以处理这些条件不能满足的情形。

> **定义 6.4.1**　我们说基础启发式规则是序贯一致的，如果其具有如下性质，即当它从状态 x_k 开始产生序列
>
> $$\{x_k, u_k, x_{k+1}, u_{k+1}, \cdots, x_N\}$$
>
> 时，也产生从状态 x_{k+1} 开始的序列
>
> $$\{x_{k+1}, u_{k+1}, \cdots, x_N\}$$

换言之，基础启发式规则是序贯一致的，如果它"保持在轨迹上"：如果从开始的状态 x_k 朝向其状态轨迹的下一个状态 x_{k+1} 移动，那么启发式规则将不会偏离轨迹的剩余部分。

作为一个例子，读者可以验证在例 6.4.1 的旅行商问题中描述的最近邻启发式规则是序贯一致的。类似的例子包括使用多种类型的贪婪/短视启发式规则（[Ber17a] 书中 6.4 节提供了一些其他例子）。通常在实践中使用的大部分启发式规则在"多数"状态 x_k 下满足序贯一致性条件。然而，一些有趣的启发式规则可能在一些状态下违反这一条件。

序贯一致的基础启发式规则可以通过如下事实识别出来，即它将在状态 x_k 应用相同的控制 u_k，不论 x_k 在由基础启发式规则产生的轨迹中出现在什么位置。所以一个基础启发式规则是序贯一致的，当且仅当其定义了一个合法的动态规划策略。这是从 x_k 移动到位于由基础启发式规则产生的状态轨迹 $\{x_k, x_{k+1}, \cdots, x_N\}$ 的状态 x_{k+1} 的策略。

我们将证明，通过序贯一致的基础启发式规则获得的滚动算法将获得不差于基础启发式规则的性能。

> **命题 6.4.1（在序贯一致性之下的费用改进）**　考虑通过序贯一致的基础启发式规则获得的滚动策略 $\tilde{\pi} = \{\tilde{\mu}_0, \cdots, \tilde{\mu}_{N-1}\}$，并且令 $J_{k,\tilde{\pi}}(x_k)$ 表示用 $\tilde{\pi}$ 从 k 时刻的状态 x_k 开始获得的费用。那么
>
> $$J_{k,\tilde{\pi}}(x_k) \leqslant H_k(x_k), \forall x_k, k \tag{6.16}$$
>
> 其中 $H_k(x_k)$ 表示基础启发式规则从 x_k 开始的费用。

证明　我们用归纳法证明这一不等式。显然其对于 $k = N$ 成立，因为

$$J_{N,\tilde{N}} = H_N = g_N$$

假设其对于 $k+1$ 成立。对于任意状态 x_k，令 $\bar{u}_k$ 为由基础启发式规则在 x_k 施加的控制。那么我们有

$$
\begin{aligned}
J_{k,\tilde{\pi}}(x_k) &= g_k\left(x_k,\tilde{\mu}_k(x_k)\right) + J_{k+1,\tilde{\pi}}\left(f_k\left(x_k,\tilde{\mu}_k(x_k)\right)\right)\\
&\leqslant g_k\left(x_k,\tilde{\mu}_k(x_k)\right) + H_{k+1}\left(f_k\left(x_k,\tilde{\mu}_k(x_k)\right)\right)\\
&= \min_{u_k \in U_k(x_k)}\left[g_k(x_k,u_k) + H_{k+1}\left(f_k(x_k,u_k)\right)\right]\\
&\leqslant g_k(x_k,\bar{u}_k) + H_{k+1}\left(f_k(x_k,\bar{u}_k)\right)\\
&= H_k(x_k)
\end{aligned} \tag{6.17}
$$

其中：

（a）第一个等式是对于滚动策略 $\tilde{\pi}$ 的动态规划方程；

（b）第一个不等式由归纳假设成立；

（c）第二个等式由滚动算法的定义成立；

（d）第三个等式是对应于基础启发式规则的策略的动态规划方程（这是我们需要序贯一致性的一步）。

这完成了费用改进性质式 (6.16) 的归纳证明。证毕。

命题 6.4.1 的费用改进性质也可以通过如下方式推出：首先将有限时段问题变换为无限时段 SSP 问题，然后使用无限时段问题策略迭代的费用改进性质。

序贯改进

我们接下来将证明滚动策略在比序贯一致性更弱的条件下比起基础启发式策略的性能不差。这是与我们之前已经讨论过的条件 [参见式 (3.29)] 关联的序贯改进条件。让我们回顾滚动算法 $\tilde{\pi} = \{\tilde{\mu}_0, \tilde{\mu}_1, \cdots, \tilde{\mu}_{N-1}\}$ 由如下的最小化所定义：

$$
\tilde{\mu}_k(x_k) \in \arg\min_{u_k \in U_k(x_k)} \tilde{Q}_k(x_k,u_k)
$$

其中 $\tilde{Q}_k(x_k,u_k)$ 是如下定义的近似 Q-因子：

$$
\tilde{Q}_k(x_k,u_k) = g_k(x_k,u_k) + H_{k+1}\left(f_k(x_k,u_k)\right)
$$

[参见式 (6.14)]，且 $H_{k+1}\left(f_k(x_k,u_k)\right)$ 表示了从状态 $f_k(x_k,u_k)$ 开始的基础启发式规则的轨迹的费用。

定义 6.4.2 我们说基础启发式规则是序贯改进的，如果对所有的 x_k 和 k，我们有

$$
\min_{u_k \in U_k(x_k)} \tilde{Q}_k(x_k,u_k) \leqslant H_k(x_k) \tag{6.18}
$$

小结来说，式 (6.18) 的序贯改进性质表述如下：

在x_k的最小的启发式 Q-因子 $\leqslant$ 在x_k的启发式规则的费用

注意, 当启发式规则序贯一致时, 它也是序贯改进的。这从之前的关系式可以得到, 因为对于序贯一致的启发式规则, 启发式规则在 x_k 的费用等于启发式规则在 x_k 施加的控制 $\bar{u}_k$ 的 Q-因子:

$$\tilde{Q}_k(x_k, \bar{u}_k) = g_k(x_k, \bar{u}_k) + H_{k+1}(f_k(x_k, \bar{u}_k))$$

这大于等于在 x_k 的最小 Q-因子。这意味着式 (6.18) 所表述的性质。我们现在证明一个序贯改进的启发式规则可以获得策略改进。

> **命题 6.4.2**（在序贯改进之下的费用改进） 考虑由序贯改进的基础启发式规则获得的滚动策略 $\tilde{\pi} = \{\tilde{\mu}_0, \cdots, \tilde{\mu}_{N-1}\}$, 令 $J_{k,\tilde{\pi}}(x_k)$ 表示用 $\tilde{\pi}$ 从 k 时刻的 x_k 开始获得的费用。那么
> $$J_{k,\tilde{\pi}}(x_k) \leqslant H_k(x_k), \forall x_k, k$$
> 其中 $H_k(x_k)$ 表示基础启发式规则从 x_k 开始的费用。

证明 通过将最后两步（依赖于序贯一致性）替换为式 (6.18), 从式 (6.17) 的计算可得本命题。证毕。

于是, 由序贯改进的基础启发式规则获得的滚动算法, 从每个起始状态 x_k 出发, 都将提升或者至少将表现得不逊于基础启发式规则。事实上该算法有单调的改进性质, 其中它发现了一系列改进的轨迹。特别地, 让我们将由从 x_0 开始的基础启发式规则生成的策略标记为

$$T_0 = (x_0, u_0, x_1, u_1, \cdots, x_{N-1}, u_{N-1}, x_N)$$

而且由滚动算法从 x_0 开始生成的最终轨迹为

$$T_N = (x_0, \tilde{u}_0, \tilde{x}_1, \tilde{u}_1, \cdots, \tilde{x}_{N-1}, \tilde{u}_{N-1}, \tilde{x}_N)$$

也考虑由滚动算法产生的中间轨迹, 给定如下:

$$T_k = (x_0, \tilde{u}_0, \tilde{x}_1, \tilde{u}_1, \cdots, \tilde{x}_k, u_k, \cdots, x_{N-1}, u_{N-1}, x_N), k = 1, \cdots, N-1$$

其中

$$(\tilde{x}_k, u_k, \cdots, x_{N-1}, u_{N-1}, x_N)$$

是由基础启发式规则从 $\tilde{x}_k$ 开始产生的轨迹。那么, 通过使用序贯改进条件, 可以证明（见图 6.4.4）

$$T_0 \text{的费用} \geqslant \cdots \geqslant T_k \text{的费用} \geqslant T_{k+1} \text{的费用} \geqslant \cdots \geqslant T_N \text{的费用} \tag{6.19}$$

实验中, 已经可以观察到通过使用序贯改进的启发式规则的滚动获得的费用改进通常是显著的, 而且经常是很大的。特别地, 回溯到 20 世纪 90 年代中期, 许多案例研究一致地指出了滚动的良好性能, 见 [Ber20a] 一书中的参考文献。动态规划教材 [Ber17a] 提供了一些详细的例子（第 6 章, 例 6.4.2, 6.4.5, 6.4.6 和习题 6.11, 6.14, 6.15, 6.16）。费用改进的代价是额外的计算量, 这通常等于基础启发式规则的计算时间乘以一个因子, 该因

子是一个 N 的低阶多项式。通常难以量化性能改进的量，但是从案例研究中获得的计算结果与我们在第 3 章讨论的牛顿步的解释一致。

另外，序贯改进条件可能在给定的基础启发式规则下不成立。这并不令人惊讶，因为任意启发式规则（无论有多不一致或者傻）原则上都可用于作为基础启发式规则。以下是一个例子。

例 6.4.2（序贯改进的违反）

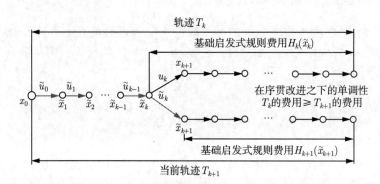

图 6.4.4　单调性式 (6.19) 的证明。在由滚动算法产生的第 k 个状态 $\tilde{x}_k$，我们比较"当前"轨迹 T_k，其费用是当前部分轨迹 $(x_0, \tilde{u}_0, \tilde{x}_1, \tilde{u}_1, \cdots, \tilde{x}_k)$ 的费用与从 $\tilde{x}_k$ 开始的基础启发式规则的费用 $H_k(\tilde{x}_k)$ 之和，与轨迹 T_{k+1}，其费用是部分滚动轨迹 $(x_0, \tilde{u}_0, \tilde{x}_1, \tilde{u}_1, \cdots, \tilde{x}_k)$ 与从 $(\tilde{x}_k, \tilde{u}_k)$ 开始的基础启发式规则的 Q-因子 $\tilde{Q}_k(\tilde{x}_k, \tilde{u}_k)$ 之和。序贯改进条件保证

$$H_k(\tilde{x}_k) \geqslant \tilde{Q}_k(\tilde{x}_k, \tilde{u}_k)$$

这意味着

$$T_k \text{的费用} \geqslant T_{k+1} \text{的费用}$$

如果不等式严格成立 (即取大于号)，滚动算法将从 T_k 切换到 T_{k+1}；参见图 6.4.3 的旅行商问题。

考虑示于图 6.4.5 中的 2-阶段问题，其中在阶段 1 和 2 分别涉及两个状态，以及所展示的控制。假设唯一的最优轨迹是 $(x_0, u_0^*, x_1^*, u_1^*, x_2^*)$，基础启发式规则从 x_0 开始产生了这一最优轨迹。滚动算法在 x_0 按照如下的方式选择控制：它运行基础启发式规则，构造从 x_1^* 和 $\tilde{x}_1$ 开始的轨迹，具有对应的费用 $H_1(x_1^*)$ 和 $H_1(\tilde{x}_1)$。如果

$$g_0(x_0, u_0^*) + H_1(x_1^*) > g_0(x_0, \tilde{u}_0) + H_1(\tilde{x}_1) \tag{6.20}$$

则滚动算法拒绝最优控制 u_0^* 并倾向于替代的控制 $\tilde{u}_0$。如果基础启发式规则在 x_1^* 选择了 $\bar{u}_1$（没有什么可以阻止这一件事情的发生，因为基础启发式规则是任意的），上面的不等式将出现。更进一步地，如果与 $H_1(x_1^*)$ 相等的费用 $g_1(x_1^*, \bar{u}_1) + g_2(\tilde{x}_2)$ 足够高，那么将出现上面的不等式。

让我们来验证如果式 (6.20) 的不等式成立，那么启发式规则在 x_0 不是序贯改进的，即

$$H_0(x_0) < \min\{g_0(x_0, u_0^*) + H_1(x_1^*), g_0(x_0, \tilde{u}_0) + H_1(\tilde{x}_1)\}$$

确实，这是成立的，因为 $H_0(x_0)$ 是最优费用

$$H_0(x_0) = g_0(x_0, u_0^*) + g_1(x_1^*, u_1^*) + g_2(x_2^*)$$

而且一定小于

$$g_0(x_0, u_0^*) + H_1(x_1^*)$$

这是轨迹 $(x_0, u_0^*, x_1^*, \bar{u}_1, \tilde{x}_2)$ 的费用，而

$$g_0(x_0, \tilde{u}_0) + H_1(\tilde{x}_1)$$

则是轨迹 $(x_0, \tilde{u}_0, \tilde{x}_1, \tilde{u}_1, \tilde{x}_2)$ 的费用。

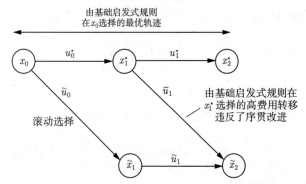

图 6.4.5　一个 2-阶段问题，在阶段 1 的状态是 $x_1^*, \tilde{x}_1$，在阶段 2 的状态是 $x_2^*, \tilde{x}_2$。控制及对应的转移均示于图中。在初始状态 x_0 的滚动选择是严格次优的，而基础启发式规则的选择是最优的。原因是基础启发式规则并非序贯改进的，并且在 x_1^* 上做出了次优的选择 $\bar{u}_1$，但是当从 x_0 运行时选择了不同的（最优的）u_1^*。

之前的例子和式 (6.19) 的单调性质建议了对滚动算法的简单改进，即监测序贯改进条件被违反的时刻并采取纠正措施。强化滚动是该算法的一种变形，其中我们保持到目前为止的最优轨迹，并遵循该轨迹前行直至发现费用更优的轨迹。

使用多个基础启发式规则——并行滚动

在许多问题中，几个有潜力的启发式规则同时可用。于是可以在滚动框架中使用所有这些启发式规则。这里的思想是构造超级启发式规则，从所有启发式规则产生的轨迹中选择最好的那一条。这一超级启发式规则可以用作滚动算法的基础启发式规则。[1]

特别地，让我们假设有 m 个启发式规则，这其中的第 l 个规则在给定的状态 x_{k+1} 产生一条轨迹

$$\tilde{T}_{k+1}^l = \{x_{k+1}, \tilde{u}_{k+1}^l, x_{k+2}, \cdots, \tilde{u}_{N-1}^l, \tilde{x}_N^l\}$$

以及对应的费用 $C(\tilde{T}_{k+1}^l)$。然后超级启发式规则在 x_{k+1} 产生 $C\left(\tilde{T}_{k+1}^l\right)$ 最小的轨迹 $\tilde{T}_{k+1}^l$。滚动算法在状态 x_k 选择最小化最小的 Q-因子的控制 u_k：

$$\tilde{u}_k \in \arg \min_{u_k \in U_k(x_k)} \min_{l=1,2,\cdots,m} \tilde{Q}_k^l(x_k, u_k)$$

---

[1] 一个相关的在实际中有趣的可能性是将状态空间划分为成子集，多个启发式规则针对这些子集进行了剪裁，然后针对这个划分后的每个子集选择合适的启发式规则来使用。事实上可以使用针对每个状态空间划分后的子集上的多个启发式规则，在每个状态从其中选择能获得最小费用的那一个启发式规则。

其中

$$\tilde{Q}_k^l(x_k, u_k) = g_k(x_k, u_k) + C(\tilde{T}_{k+1}^l)$$

是轨迹 $(x_k, u_k, \tilde{T}_{k+1}^l)$ 的费用。在 5.4 节和论文 [LJM21] 中讨论了与 MPC 相联系的一个类似的思想。注意不同启发式规则的 Q-因子可以独立且并行地计算出来。鉴于这一事实，刚才描述的滚动机制有时被称为并行滚动。

可以通过使用定义验证的一条有趣的性质是，如果所有的启发式规则是序贯改进的，那么这对于超级启发式规则也成立，这也是可以从图 6.4.4 中看出的。确实，让我们对每个基础启发式规则和所有的 x_k 和 k 写出式 (6.18) 的序贯改进条件：

$$\min_{u_k \in U_k(x_k)} \tilde{Q}_k^l(x_k, u_k) \leqslant H_k^l(x_k), l = 1, 2, \cdots, m$$

其中，$\tilde{Q}_k^l(x_k, u_k)$ 和 $H_k^l(x_k)$ 分别是对应于第 l 个启发式规则的 Q-因子和启发式规则的费用。那么通过在 l 上取最小值，对所有的 x_k 和 k 我们有

$$\min_{l=1,2,\cdots,m} \min_{u_k \in U_k(x_k)} \tilde{Q}_k^l(x_k, u_k) \leqslant \min_{l=1,2,\cdots,m} H_k^l(x_k)$$

通过交换左侧的最小化的顺序，可获得

$$\min_{u_k \in U_k(x_k)} \underbrace{\min_{l=1,2,\cdots,m} \tilde{Q}_k^l(x_k, u_k)}_{\text{超级启发式规则的 } Q\text{-因子}} \leqslant \underbrace{\min_{l=1,2,\cdots,m} H_k^l(x_k)}_{\text{超级启发式规则的费用}}$$

这正是对于超级启发式规则的式 (6.18) 的序贯改进条件。

简化的滚动算法

我们现在考虑一种滚动的变形，称为简化的滚动算法，这受到控制约束集合 $U_k(x_k)$ 或者是无限大或者是有限但是非常大的问题的启发。那么最小化

$$\tilde{\mu}_k(x_k) \in \arg \min_{u_k \in U_k(x_k)} \tilde{Q}_k(x_k, u_k) \tag{6.21}$$

[参见式 (6.13) 和式 (6.14)] 也许并不奇怪，因为 Q-因子的数量

$$\tilde{Q}_k(x_k, u_k) = g_k(x_k, u_k) + H_{k+1}(f_k(x_k, u_k))$$

相对来说是无限大的或者非常大的。

为了克服这一情形带来的困难，我们可以将 $U_k(x_k)$ 替换为一个小一些的有限子集 $\bar{U}_k(x_k)$：

$$\bar{U}_k(x_k) \subset U_k(x_k)$$

这一变形中的滚动控制 $\tilde{\mu}_k(x_k)$ 是在 $u_k \in \bar{U}_k(x_k)$ 中达到 $\tilde{Q}_k(x_k, u_k)$ 的最小值的那一个：

$$\tilde{\mu}_k(x_k) \in \arg \min_{u_k \in \bar{U}_k(x_k)} \tilde{Q}_k(x_k, u_k) \tag{6.22}$$

一个例子是当 $\bar{U}_k(x_k)$ 从一个无限集合 $U_k(x_k)$ 的离散化获得。另一种可能性是通过使用某种初步的近似优化，我们可以识别一个子集合的有潜力的控制 $\bar{U}_k(x_k)$，并且为了节省计算量，将注意力限制在这个子集合上。一个相关的可能性是通过某种智能探索集合 $U_k(x_k)$ 旨在最小化 $\tilde{Q}_k(x_k, u_k)$ 的随机搜索方法生成 $\bar{U}_k(x_k)$[参见式 (6.21)]。

结论是命题 6.4.2 的费用改进性质的证明

$$J_{k,\tilde{\pi}}(x_k) \leqslant H_k(x_k), \forall x_k, k$$

将在下面修订的序贯改进性质成立时成立：

$$\min_{u_k \in \bar{U}_k(x_k)} \tilde{Q}_k(x_k, u_k) \leqslant H_k(x_k) \tag{6.23}$$

这一点可以通过验证如下命题成立而看出，即式 (6.23) 足以保证式 (6.19) 的单调改进性质成立。如果基础启发式规则是序贯一致的，则条件式 (6.23) 非常容易被满足，此时由基础启发式规则选择的控制 $\bar{u}_k$ 满足

$$\tilde{Q}_k(x_k, \bar{u}_k) = H_k(x_k)$$

特别地，当 $\bar{U}_k(x_k)$ 包括基础启发式规则的选择 $\bar{u}_k$ 时，这足以让式 (6.23) 的性质成立。

式 (6.21) 的最小化可以替换为更加简单的式 (6.22) 的最小化，这一思想可以推广。特别地，通过实践之前的论证，可以看出若对所有的 x_k 和 k，$\tilde{\mu}_k(x_k)$ 满足如下条件：

$$\tilde{Q}_k(x_k, \tilde{\mu}_k(x_k)) \leqslant H_k(x_k)$$

那么任意策略

$$\tilde{\pi} = \{\tilde{\mu}_0, \tilde{\mu}_2, \cdots, \tilde{\mu}_{N-1}\}$$

保证修订的序贯改进性质式 (6.23) 成立，于是也有费用改进性质。这种算法的一个突出的例子出现在多智能的情形中，其中 u 有 m 个元素 $u = (u^1, u^2, \cdots, u^m)$，在 $U_k^1(x_k) \times U_k^2(x_k) \times \cdots \times U_k^m(x_k)$ 上的最小化被替换为一系列单个元素的最小化，每次一个元素，参见 3.7 节。

强化滚动算法

在这一节我们描述一种滚动的变形，隐式地强化序贯改进性质。这一变形称为强化滚动算法，从 x_0 开始，一步步地生成一个状态序列 $\{x_0, x_1, \cdots, x_N\}$ 以及对应的控制序列。在到达状态 x_k 时，我们有如下的轨迹

$$\bar{P}_k = \{x_0, u_0, \cdots, u_{k-1}, x_k\}$$

这已经由滚动构造出来，称为永恒轨迹，我们也存储一条临时最优轨迹

$$\bar{T}_k = \{x_0, u_0, \cdots, u_{k-1}, x_k, \bar{u}_k, \bar{x}_{k+1}, \bar{u}_{k+1}, \cdots, \bar{u}_{N-1}, \bar{x}_N\}$$

具有对应的费用

$$C(\bar{T}_k) = \sum_{t=0}^{k-1} g_t(x_t, u_t) + g_k(x_k, \bar{u}_k) + \sum_{t=k+1}^{N-1} g_t(\bar{x}_k, \bar{u}_t) + g_N(\bar{x}_N)$$

临时最优轨迹 $\bar{T}_k$ 是该算法到阶段 k 为止计算出来的最好的端到端轨迹。一开始，$\bar{T}_0$ 是由从初始状态 x_0 开始的基础启发式规则生成的轨迹。现在的思想是，在每个状态 x_k 如果滚动算法产生的轨迹比 $\bar{T}_k$ 差则丢弃，否则就使用 $\bar{T}_k$（见图 6.4.6）。[①]

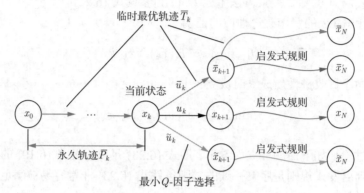

图 6.4.6　强化滚动的示意图。在 k 步之后，我们已经构造了永久轨迹
$$\bar{P}_k = \{x_0, u_0, \cdots, u_{k-1}, x_k\}$$
以及临时最优轨迹
$$\bar{T}_k = \{x_0, u_0, \cdots, u_{k-1}, x_k, \bar{u}_k, \bar{x}_{k+1}, \bar{u}_{k+1}, \cdots, \bar{u}_{N-1}, \bar{x}_N\}$$
到目前为止计算出来的最优的端到端轨迹。我们现在在 x_k 运行滚动算法，即找到在 u_k 上最小化 $g_k(x_k, u_k)$ 加上从状态 $x_{k+1} = f_k(x_k, u_k)$ 开始的启发式规则的费用的控制 $\tilde{u}_k$，以及对应的轨迹
$$\tilde{T}_k = \{x_0, u_0, \cdots, u_{k-1}, x_k, \tilde{u}_k, \tilde{x}_{k+1}, \tilde{u}_{k+1}, \cdots, \tilde{u}_{N-1}, \tilde{x}_N\}$$
如果端到端轨迹 $\tilde{T}_k$ 的费用低于 $\bar{T}_k$ 的费用，那么将 $(\tilde{u}_k, \tilde{x}_{k+1})$ 加到永久轨迹中并设定临时最优轨迹为 $\bar{T}_{k+1} = \tilde{T}_k$。否则将 $(\bar{u}_k, \bar{x}_{k+1})$ 加到永久轨迹中并保持临时最优轨迹不变：$\bar{T}_{k+1} = \bar{T}_k$。

特别地，在到达状态 x_k 时，如同之前一样运行滚动算法，对每个 $u_k \in U_k(x_k)$ 和下一个状态 $x_{k+1} = f_k(x_k, u_k)$，我们从 x_{k+1} 开始运行基础启发式规则并找到给出最优轨迹的控制 $\tilde{u}_k$，记为
$$\tilde{T}_k = \{x_0, u_0, \cdots, u_{k-1}, x_k, \tilde{u}_k, \tilde{x}_{k+1}, \tilde{u}_{k+1}, \cdots, \tilde{u}_{N-1}, \tilde{x}_N\}$$

具有对应的费用
$$C(\tilde{T}_k) = \sum_{t=0}^{k-1} g_t(x_t, u_t) + g_k(x_k, \tilde{u}_k) + \sum_{t=k+1}^{N-1} g_t(\tilde{x}_t, \tilde{u}_t) + g_N(\tilde{x}_N)$$

而常规滚动算法将选择控制 $\tilde{u}_k$ 并移动到 $\tilde{x}_{k+1}$，强化算法比较 $C(\bar{T}_k)$ 和 $C(\tilde{T}_k)$，取决于这两个中哪一个更小，分别选择 $\bar{u}_k$ 或者 $\tilde{u}_k$ 并移动到 $\bar{x}_{k+1}$ 或者 $\tilde{x}_{k+1}$。特别地，如果 $C(\bar{T}_k) \leqslant C(\tilde{T}_k)$，那么算法设定下一个状态和对应的临时最优轨迹为
$$x_{k+1} = \bar{x}_{k+1}, \bar{T}_{k+1} = \bar{T}_k$$

[①]　强化滚动算法实际上可以被视作常规滚动算法应用于原问题的一个修订版本和具有序贯改进性质的修订的基础启发式规则。这一构建在某种意义上是技术性的且不直观，将不给出；我们推荐 Bertsekas、Tsitsiklis 以及 Wu[BTW97] 以及动态规划教材 [Ber17a]6.4.2 节。

且如果 $C(\bar{T}_k) > C(\tilde{T}_k)$，那么它设定下一个状态和对应的临时最优轨迹为

$$x_{k+1} = \tilde{x}_{k+1}, \bar{T}_{k+1} = \tilde{T}_k$$

换言之，强化滚动在 x_k 遵循当前临时最优轨迹 $\bar{T}_k$，除非通过从所有可能的下一个状态 x_{k+1} 运行基础启发式规则发现了更低费用的轨迹 $\tilde{T}_k$。[①]于是有在每个状态临时最优轨迹的费用不高于初始临时最优轨迹，后者是由基础启发式规则从 x_0 开始产生的。进一步，可以看出如果基础启发式规则是序贯改进的，那么滚动算法及其强化版本相同。实验证据建议如果基础启发式规则未知是否为序贯改进时，那么使用强化版本通常是重要的。幸运的是，强化版本几步不涉及额外的计算费用。

正如所期待的，当基础启发式规则生成最优轨迹时，强化滚动算法也将生成相同的轨迹。这也通过下面的例子展示了。

例 6.4.3

我们来考虑将强化滚动算法应用在例 6.4.2 的问题中并看它是否解决了费用改进问题。强化滚动算法将基础启发式规则在 x_0 生成的最优轨迹 $(x_0, u_0^*, x_1^*, u_1^*, x_2^*)$ 作为初始临时最优轨迹存储。然后从 x_0 开始，它从 x_1^* 和 $\tilde{x}_1$ 开始运行启发式规则，且（尽管常规滚动算法倾向于前往 $\tilde{x}_1$ 而不是 x_1^*）它丢弃控制 $\tilde{u}_0$ 并倾向于 u_0^*，这由临时最优轨迹指出。它于是设定临时最优轨迹为 $(x_0, u_0^*, x_1^*, u_1^*, x_2^*)$。

最后指出，可以在不同的设定下使用强化滚动算法来存储并保持费用改进的性质。特别地，假设在每一步的滚动最小化用近似的方式进行。例如控制 u_k 可能有多个独立的约束元素，即

$$u_k = (u_k^1, u_k^2, \cdots, u_k^m), U_k(x_k) = U_k^1(x_k) \times U_k^2(x_k) \times \cdots \times U_k^m(x_k)$$

那么，为了利用分布式计算的优势，在滚动算法中将在 u_k 之上的优化

$$\tilde{\mu}_k(x_k) \in \arg \min_{u_k \in U_k(x_k)} [g_k(x_k, u_k) + H_{k+1}(f_k(x_k, u_k))]$$

分解成在元素 u_k^i（或者这些元素的分组）上的（近似的）并行优化是有吸引力的。然而，作为在 u_k 上的近似优化的结果，即使序贯改进假设成立，费用改进性质可能受到影响。在这一情形中通过保持临时最优轨迹，从由基础启发式规则在初始条件下产生的那条轨迹开始，我们可以保证强化滚动算法，即使使用了近似最小化，也不会产生劣于基础启发式规则的解。

无模型滚动

我们现在为不知道费用函数和问题约束情形下的离散确定性优化考虑滚动算法。取而代之，我们可以接触到一个基础启发式规则，以及不用为任意两个可行解分配数值就能够对其排序的一个人或者软件"专家"。

考虑一个一般性的离散优化问题，选择控制序列 $u = (u_0, u_1, \cdots, u_{N-1})$ 来最小化函数 $G(u)$。为了简化，我们假设每个元素 u_k 被约束在给定集合 U_k 中，但是推广到更加一般的约束集合是可能的。我们假设如下：

[①] 基础启发式规则也可以从可能的下一个状态 x_{k+1} 的子集合出发运行，正如在使用简化版本的滚动的情形中那样。那么强化滚动将仍然保证费用改进性质。

（a）有一个具有如下性质的基础启发式规则可用：给定任意的 $k < N-1$ 和部分解 $(u_0, u_1, \cdots, u_k)$，该规则为每个 $\tilde{u}_{k+1} \in U_{k+1}$ 通过连接给定的部分解 $(u_0, u_1, \cdots, u_k)$ 与序列 $(\tilde{u}_{k+1}, \tilde{u}_{k+2}, \cdots, \tilde{u}_{N-1})$ 生成一个完整的可行解。这一完整可行解记为

$$S_k(u_0, u_1, \cdots, u_k, \tilde{u}_{k+1}) = (u_0, u_1, \cdots, u_k, \tilde{u}_{k+1}, \tilde{u}_{k+2}, \cdots, \tilde{u}_{N-1})$$

该基础启发式规则也用于从一个人工空解启动算法，生成所有的元素 $\tilde{u}_0 \in U_0$。并从每个 $\tilde{u}_0 \in U_0$ 开始生成一个完整可行解 $(\tilde{u}_0, \tilde{u}_1, \cdots, \tilde{u}_{N-1})$。

（b）有一位"专家"可以比较任意两个可行解 u 和 $\bar{u}$，即他/她可以确定

$$G(u) > G(\bar{u}) \text{ 或者 } G(u) \leqslant G(\bar{u})$$

可见尽管费用函数 G 未知，确定性滚动仍可用于这一问题。原因是滚动算法仅将费用函数作为一种依其费用对完整解排序的方式。于是，如果专家可以揭示任意两个解的排序，这就足够了。[①]实际上，只要约束集合 $U_0, U_1, \cdots, U_{N-1}$ 可由基础启发式规则生成，那么这些集合也无须已知。所以，滚动算法可以被描述如下（见图 6.4.7）。

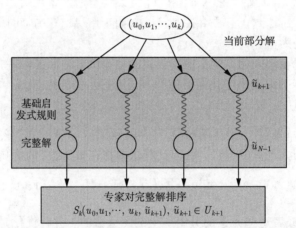

图 6.4.7 有专家的无模型滚动对于针对约束 $u \in U_0 \times U_1 \times \cdots \times U_{N-1}$ 的示意图。假设不知道 G 或 $U_0, U_1, \cdots, U_{N-1}$。取而代之的是，基础启发式规则，对给定的部分解 $(u_0, u_1, \cdots, u_k)$ 输出所有下一个控制 $\tilde{u}_{k+1} \in U_{k+1}$，并且从每个完整解生成

$$S_k(u_0, u_1, \cdots, u_k, \tilde{u}_{k+1}) = (u_0, u_1, \cdots, u_k, \tilde{u}_{k+1}, \tilde{u}_{k+2}, \cdots, \tilde{u}_{N-1})$$

而且我们有一位人类或者软件"专家"可以不用为任意两个完整解分配数值即可对它们排序。由滚动算法从 U_{k+1} 中选中的控制是其对应的完整解由专家排序最好的那一个。

我们从一个人工空解开始，在典型的一步中，给定部分解 $(u_0, u_1, \cdots, u_k), k < N-1$，用基础启发式规则产生所有可能的单步扩充解

$$(u_0, u_1, \cdots, u_k, \tilde{u}_{k+1}), \tilde{u}_{k+1} \in U_{k+1}$$

和完整解集

$$S_k(u_0, u_1, \cdots, u_k, \tilde{u}_{k+1}), \tilde{u}_{k+1} \in U_{k+1}$$

---

① 注意为了让这一点成立，重要的是问题是确定性的，且专家使用某种（尽管位置的）费用函数对解排序。特别地，专家的排序应当有传递性：若 u 优于 u' 且 u' 优于 u''，那么 u 优于 u''。

然后我们用专家对这一完整解集排序。最后，选择由专家排序最好的元素 u_{k+1}，通过增加 u_{k+1} 扩充部分解 $(u_0, u_1, \cdots, u_k)$，并用新的部分解 $(u_0, u_1, \cdots, u_k, u_{k+1})$ 重复上述步骤。

除了使用专家而非费用函数（这在数学上不重要），上述滚动算法可被视作之前所给算法的一种特例。这样我们到目前为止讨论的几种滚动的变形（采用多启发式规则的滚动、简化滚动和强化滚动）也能容易地改变。关于在 RNA 折叠问题上应用无模型滚动方法，见论文 [LP21] 和强化学习书 [Ber20a]。

6.5 采用多步前瞻的滚动——截断滚动

我们现在考虑将多步前瞻融入滚动架构中。为了描述对确定性问题的两步前瞻，假设在 k 步之后我们已经到达了状态 x_k，然后考虑所有可能的两步之后的状态 x_{k+2} 构成的集合。我们从其中的每一个开始运行基础启发式规则，并计算从 x_k 到 x_{k+2} 的两阶段费用，加上从 x_{k+2} 出发的基础启发式规则的费用。我们选择与最小费用关联的状态，比如 $\tilde{x}_{k+2}$，计算从 x_k 引导到 $\tilde{x}_{k+2}$ 的控制 $\tilde{u}_k$ 和 $\tilde{u}_{k+1}$，选择 $\tilde{u}_k$ 作为下一个滚动控制，选择 $x_{k+1} = f_k(x_k, \tilde{u}_k)$ 作为下一个状态，并丢弃 $\tilde{u}_{k+1}$。

该算法对前瞻多于两步的推广是直接的：与其用两步前瞻的状态 x_{k+2}，我们从所有可能的 l 步前瞻状态 x_{k+l} 出发运行基础启发式规则，见图 6.5.1。在该算法的变形中，l 步前瞻最小化可能涉及旨在简化所关联的计算量的近似，正如我们下面要讨论的那样。

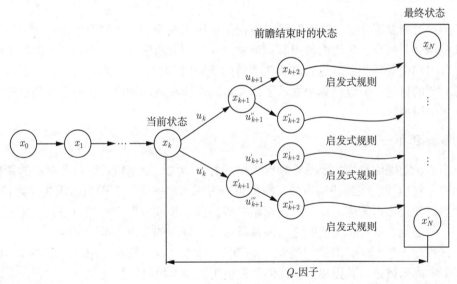

图 6.5.1 对于确定性问题采用 $l = 2$ 的多步滚动的示意图。从在前瞻树末端的每个叶子 x_{k+l} 出发运行基础启发式规则，然后对于前瞻最小化问题构造最优解，其中启发式规则的费用用末端费用近似。于是通过前瞻树获得最优的 l 步控制序列，使用序列中的第一个控制作为滚动控制，丢弃剩余的控制，移动到下一个状态，然后重复。注意多步前瞻最小化可能涉及旨在简化相关计算的近似。

对于具有长时段问题的一种重要的变形是采用末端费用近似的截断滚动。这里滚动轨迹通过从前瞻树的叶子节点开始运行基础启发式规则获得，并在一定步数之后进行截断，再在启发式规则费用上加上末端费用近似来弥补最终的误差，见图 6.5.2。一种在许多问题中使用良好的可能性，特别是当最小化的组合前瞻和基础启发式规则的仿真比较长时，简单地将末端费用近似设为零。取而代之，末端费用函数近似可以通过问题近似或者通过使用某种复杂的可能涉及如神经网络的近似架构的离线训练过程获得。

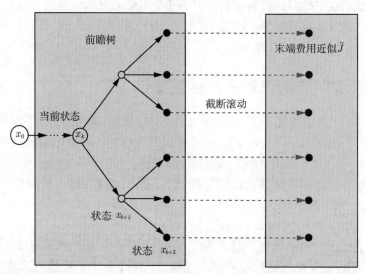

图 6.5.2　使用两步前瞻和末端费用近似 $\tilde{J}$ 的截断滚动的示意图。基础启发式规则被使用有限步数，然后加上末端费用来弥补剩余的步数。

一个重要的发现是之前的算法可以被视作采用末端费用近似的前瞻最小化，所以它们可以被解释为牛顿步，采用由使用基础启发式规则的截断滚动和末端费用近似确定的合适的起点。当离散最优控制问题被转化为等价的无限时段 SSP 问题时，这一解释是可能的，参见 6.1 节的讨论。所以该算法继承了牛顿步的快速收敛的性质，这一点我们已经在无限时段问题中讨论过。

简化的多步滚动──双滚动

应用 l 步前瞻滚动的主要难点是前瞻树随着 l 增大而迅速增长，以及对应的基础启发式规则的大量应用。在这些情形中，我们可以考虑简化的滚动，即对前瞻树"剪枝"，让其树叶数量变得可以管理。比如可以忽略一些往前 l 步或者更少步数的一些状态，这些状态根据一些准则（如在单步前瞻之后的基础启发式规则的费用）被判定为潜力不大，见图 6.5.3。这也令人想起蒙特卡罗树搜索（MCTS）技术，这一技术已用于阿尔法零，但是我们在本书中尚未讨论，其描述可在我们已经引用的几本教材中找到。

简化的滚动旨在限制基础启发式规则应用的次数，这可能随着前瞻长度的增加而指数爆炸。在有些语境下，这也可以视作选择性深度前瞻，其中前瞻树非均匀地扩展（在某些状态下的前瞻比其他更深）。

选择性深度前瞻及树剪枝的一个有趣的想法是在 l 步前瞻最小化的求解中应用滚动；毕竟，这也是离散优化问题，可以使用滚动等次优方法处理。所以我们可以使用第二个基础启发式规则通过单步前瞻滚动用 l 步前瞻树来生成有潜力的轨迹。这一"双重滚动"算法需要的启发式规则的应用次数随着 l 线性而非指数地增长。特别地，在每个阶段，l 步滚动和"双重滚动"算法的启发式规则的应用次数将分别由 n^l 和 $n \cdot l$ 作为上界，其中 n 是在每个状态的控制选择数量的上界。注意这两个基础启发式规则不需要彼此关联，因为它们应用于不同的问题：第一个用于从状态 x_k 开始的 $(N-k)$ 步最小化尾部子问题，而第二个用于从状态 x_k 开始的 l 步前瞻最小化。

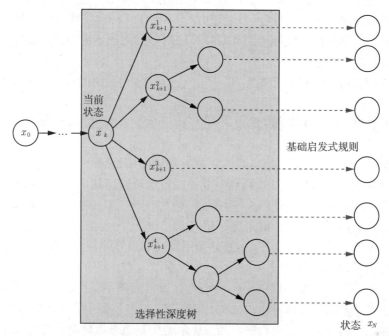

图 6.5.3　具有选择性深度前瞻的一种确定性滚动的示意图。在该算法的 k 步之后，我们有一条从初始状态 x_0 开始并终于状态 x_k 的轨迹。然后生成所有可能的下一个状态（图中的状态 $x_{k+1}^1, x_{k+1}^2, x_{k+1}^3, x_{k+1}^4$），我们使用基础启发式规则"评价"这些状态，并选择其中一些进行"扩展"，即生成它们的下一个状态 x_{k+2}，使用基础启发式规则评价它们，并继续下去。最后获得一棵下一个状态的具有选择性深度的树，以及从树叶开始的基础启发式规则费用。对应最小的总费用的状态 x_{k+1} 通过选择性深度前瞻滚动算法进行选择。对于具有大量阶段的问题，也可以截断滚动轨迹并加上末端费用函数近似弥补结果的误差，参见图 6.5.2。

强化多步滚动

在其他确定性多步滚动的变形中，需要提及一种强化版本，这为缺乏序贯改进以及当滚动算法沿着不好的轨迹走偏时提供了保护。这一强化算法保持了一个临时最好轨迹，在滚动算法生成费用更小的轨迹之前它不会偏离，与单步前瞻的情形类似。

最后提一种确定性滚动的变形，其中保持多条轨迹，从给定的状态 x_k 拓展到下一个状态 x_{k+1} 的多个可能取值。这些状态基于多步前瞻最小化的当前结果被认为是"最有潜力的"（类似为"$\epsilon-$ 最优"），但可能稍后被丢弃。这样的拓展形式的滚动可以与强化的滚动机制相结合来确保对基础启发式规则的费用进行改进。这些方法一般依赖于具体问题，且仅用于确定性问题。

6.6 约束形式的滚动算法

这一节讨论有约束的确定性动态规划问题，包括有挑战性的组合优化和整数规划问题。我们引入一种滚动算法，这依赖于基础启发式规则并可应用到具有通用的轨迹约束的问题上。在合适的假设条件下，我们将证明如果基础启发式规则产生了可行解，那么滚动算法具有费用改进的性质：它产生可行解，且其费用不差于基础启发式规则的费用。

在进入对约束动态规划问题模型和对应算法的形式化描述之前，值得回顾确定性动态规划的滚动算法的大致结构：

（a）构造一系列完整的系统轨迹 $\{T_0, T_1, \cdots, T_N\}$，具有单调非增的费用（假设序贯改进条件）。

（b）初始轨迹 T_0 是由基础启发式规则从 x_0 开始生成的，最后的轨迹 T_N 是由滚动算法生成的。

（c）对每个 k，轨迹 $T_k, T_{k+1}, \cdots, T_N$ 具有相同的初始部分 $(x_0, \tilde{u}_0, \cdots, \tilde{u}_{k-1}, \tilde{x}_k)$。

（d）对每个 k，用基础启发式规则生成一些备选轨迹，其中每一条都与 T_k 具有直到状态 $\tilde{x}_k$ 之前的相同的初始部分。这些备选轨迹对应于控制 $u_k \in U_k(x_k)$。（在强化滚动的情形下，这些轨迹包括当前"临时最佳"轨迹。）

（e）对每个 k，下一条轨迹 T_{k+1} 是总费用意义下最好的备选轨迹。

在下面的约束动态规划模型中，引入轨迹约束 $T \in C$，其中 C 是可接受轨迹构成的集合。这样的一个后果是上面（d）中的一些备选轨迹可能是不可行的。为处理这一情形只需简单修订：丢弃违反约束的所有备选轨迹，选择 T_{k+1} 为剩余备选可行轨迹中的最好者。

当然，为了让这一修订是可行的，需要保证至少一条备选轨迹将对每个 k 都满足约束条件。为此我们将依赖一系列改进条件，稍后将介绍。对于这些条件不成立的情形，我们将引入算法的强化版本，这只需要基础启发式规则生成一条从初始条件 x_0 开始的可行轨迹。于是为了可靠地应用约束滚动算法，我们只需要知道单个可行解，即从 x_0 开始并且满足约束 $T \in C$ 的轨迹 T。

约束问题模型

假设状态 x_k 从某个（可能无限的）集合中取值，且控制 u_k 从某个有限的集合中取值。稍后将描述的滚动算法在实现中需要假设控制空间有限。该算法的简化版本不需要这一有限性条件。一个如下形式的序列：

$$T = (x_0, u_0, x_1, u_1, \cdots, u_{N-1}, x_N) \tag{6.24}$$

其中

$$x_{k+1} = f_k(x_k, u_k), k = 0, 1, \cdots, N-1 \tag{6.25}$$

被称为完整的轨迹。我们的问题可以简洁地表述为

$$\min_{T \in C} G(T) \tag{6.26}$$

其中 G 是某个费用函数。

注意尽管我们到目前为止一直假设下式成立:

$$G(T) = g_N(x_N) + \sum_{k=0}^{N-1} g_k(x_k u_k) \tag{6.27}$$

但是在本小节的剩余讨论中 G 未必有这样的加和形式。所以，除了控制空间的有限性 (这对于实现滚动是需要的)，这是非常具有一般性的优化问题。事实上，稍后我们将通过去除式 (6.25) 的状态转移结构进一步简化这个问题。[①]

轨迹约束可能在多种情形下出现。一个相对简单的例子是确定性动态规划的标准问题模型: 式 (6.27) 形式的加和费用形式，其中控制满足时间耦合的约束条件 $u_k \in U_k(x_k)$ (所以这里 C 是由系统方程用满足 $u_k \in U_k(x_k)$ 的控制生成的轨迹构成的集合)。在更加复杂的约束动态规划问题中，可能存在将不同阶段的控制耦合在一起的约束条件，例如

$$g_N^m(x_N) + \sum_{k=0}^{N-1} g_k^m(x_k, u_k) \leqslant b^m, m = 1, 2, \cdots, M \tag{6.28}$$

其中 g_k^m 和 b^m 分别是给定的函数和标量。出现困难的轨迹约束的一个例子是当控制包含了一些离散元素，一旦被选中后必须在多个时间区间上保持不变。

这里是涉及旅行商问题的另一个离散优化的例子。

例 6.6.1（旅行商问题的一种约束形式）

考虑例 6.2.1 旅行商问题的一种约束版本。我们希望找到具有最小旅行费用的路线，同时满足额外的安全约束，即路线的"安全费用"应小于某个阈值，见图 6.6.1。这一约束未必有式 (6.28) 的加性结构。我们简单地为每条路线给定安全费用（见图中右下方的表格），其计算方法对我们并不重要。在这个例子中，为了让一条路线可以被接受，其安全费用必须小于等于 10。注意（无约束的）最小费用路线 ABDCA 不满足安全约束。

将约束动态规划问题变换为无约束问题

一般而言，约束动态规划问题可以转化为一个无约束的动态规划问题，代价是对状态和系统方程的重新建模的复杂过程。其思想是重新定义在阶段 k 的状态为部分轨迹

$$y_k = (x_0, u_0, x_1, \cdots, u_{k-1}, x_k)$$

这按照重新定义的如下系统方程演进:

$$y_{k+1} = (y_k, u_k, f_k(x_k, u_k))$$

该问题于是变成了找到控制序列最小化末端费用 $G(y_N)$，针对约束 $y_N \in C$。这是一个标准形式的动态规划适用的问题:

$$J_k^*(y_k) = \min_{u_k \in U_k(y_k)} J_{k+1}^*(y_k, u_k, f_k(x_k, u_k)), k = 0, 1, \cdots, N-1$$

① 其实与我们在 6.4 节中关于无模型滚动的讨论类似，我们知道费用函数 G 和约束集合 C 的显式形式并不重要。对于我们的约束滚动算法，只需要能访问到一个人或者一个软件专家能够确定一条给定的轨迹 T 是否可行，即满足约束 $T \in C$，并且能够比较任意两条可行轨迹 T_1 和 T_2（基于对我们未知的一个内部过程）而不需要为它们分配数值，这就足够了。

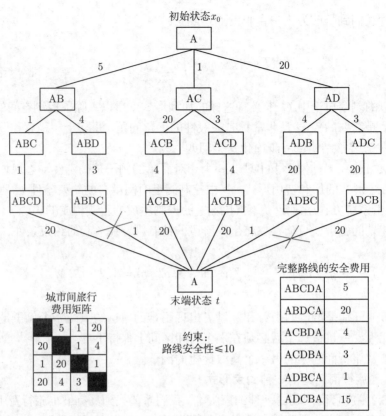

图 6.6.1 约束旅行商问题的一个例子，参阅例 6.6.1。我们希望找到安全费用小于或等于 10 的费用最小的路线。6 条可能路线的安全费用示于图中右下角的表格中。（无约束）最小费用路线 ABDCA 不满足安全约束。最优约束路线是 ABCDA。

其中

$$J_N^*(x_N) = G_N(x_N)$$

且对于 $k = 0, 1, \cdots, N-1$，约束集合 $U_k(y_k)$ 是可能达到可行性的控制子集。所以 $U_k(y_k)$ 是满足存在 $u_{k+1}, \cdots, u_{N-1}$ 和对应的 $x_{k+1}, \cdots, x_N$ 并且与 y_k 一起满足

$$(y_k, u_k, x_{k+1}, u_{k+1}, \cdots, x_{N-1}, u_{N-1}, x_N) \in C$$

的 u_k 构成的集合。

因为相关的计算量可能太大了，重新建模成刚才所描述的无约束问题通常是不实际的。然而，这提供了构造无约束滚动算法的指导，我们下面介绍。进一步，允许将这一约束滚动算法解释成牛顿步，这是本书的中心思想。

使用基础启发式规则进行有约束的滚动

我们现在将形式化地描述约束滚动算法。假设有一个基础启发式规则可用，对于给定的部分轨迹

$$y_k = (x_0, u_0, x_1, \cdots, u_{k-1}, x_k)$$

可以产生（互补的）部分轨迹

$$R(y_k) = (x_k, u_k, x_{k+1}, u_{k+1}, \cdots, u_{N-1}, x_N)$$

从 x_k 开始并且满足系统方程

$$x_{k+1} = f_t(x_t, u_t), t = k, k+1, \cdots, N-1$$

所以，给定 y_k 和任意控制 u_k，我们可以使用基础启发式规则获得如下的完整轨迹。

（a）生成下一个状态 $x_{k+1} = f_k(x_k, u_k)$。

（b）将 y_k 推广以获得部分轨迹

$$y_{k+1} = (y_k, {}_k f_k(x_k, u_k))$$

（c）从 y_{k+1} 开始运行基础启发式规则获得部分轨迹 $R(y_{k+1})$。

（d）链接两个部分轨迹 y_{k+1} 和 $R(y_{k+1})$ 获得完整的轨迹 $(y_k, u_k, R(y_{k+1}))$，这标记为 $T_k(y_k, u_k)$：

$$T_k(y_k, u_k) = (y_k, u_k, R(y_{k+1})) \tag{6.29}$$

这一过程示于图 6.6.2 中。注意由基础启发式规则产生的部分轨迹 $R(y_{k+1})$ 取决于整个部分轨迹 y_{k+1}，而不仅仅是状态 x_{k+1}。

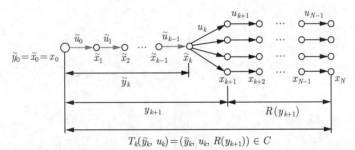

$$T_k(\tilde{y}_k, u_k) = (\tilde{y}_k, u_k, R(y_{k+1})) \in C$$

图 6.6.2　滚动算法的轨迹生成机制。在阶段 k 和给定的当前部分轨迹

$$\tilde{y}_k = (\tilde{x}_0, \tilde{u}_0, \tilde{x}_1, \cdots, \tilde{u}_{k-1}, \tilde{x}_k)$$

这从 $\tilde{x}_0$ 开始并终止于 $\tilde{x}_k$，我们考虑所有可能的下一个状态 $x_{k+1} = f_k(\tilde{x}_k, u_k)$，从 $y_{k+1} = (\tilde{y}_k, u_k, x_{k+1})$ 开始运行基础启发式规则并构成完整轨迹 $T_k(\tilde{y}_k, u_k)$。那么滚动算法：

（a）找到 $\tilde{u}_k$，这是满足完整轨迹 $T_k(\tilde{y}_k, u_k)$ 可行的所有 u_k 中最小化费用 $G(T_k(\tilde{y}_k, u_k))$ 的控制；

（b）用 $(\tilde{u}_k, f_k(\tilde{x}_k, \tilde{u}_k))$ 拓展 $\tilde{y}_k$ 并构成 $\tilde{y}_{k+1}$。

　　式 (6.29) 形式的完整轨迹 $T_k(y_k, u_k)$ 通常仅对于保持可行性的控制 u_k 的子集 $U_k(y_k)$ 是可行的：

$$U_k(y_k) = \{u_k | T_k(y_k, u_k) \in C\} \tag{6.30}$$

我们的滚动算法从给定的初始状态 $\tilde{y}_0 = \tilde{x}_0$ 出发，序贯地生成形式为

$$\tilde{y}_{k+1} = (\tilde{y}_k, \tilde{u}_k, f_k(\tilde{x}_k, \tilde{u}_k)), k = 0, 1, \cdots, N-1 \tag{6.31}$$

的部分轨迹 $\tilde{y}_1, \tilde{y}_2, \cdots, \tilde{y}_N$，其中 $\tilde{x}_k$ 是 $\tilde{y}_k$ 的最后一个状态元素，$\tilde{u}_k$ 是在所有让 $T_k(\tilde{y}_k, u_k)$ 可行的 u_k 上最小化启发式规则费用 $G(T_k(\tilde{y}_k, u_k))$ 的控制。所以在阶段 k，算法构成集合 $U_k(\tilde{y}_k)$[参见式 (6.30)] 并从 $U_k(\tilde{y}_k)$ 中选择控制 $\tilde{u}_k$ 最小化完整轨迹 $T_k(\tilde{y}_k, u_k)$ 的费用：

$$\tilde{u}_k \in \arg \min_{u_k \in U_k(\tilde{y}_k)} G\left(T_k(\tilde{y}_k, u_k)\right) \tag{6.32}$$

见图 6.6.2。目标是产生一条可行的最终完整轨迹 $\tilde{y}_N$，其费用 $G(\tilde{y}_N)$ 不大于由基础启发式规则从 $\tilde{y}_0$ 开始产生的费用 $R(\tilde{y}_0)$，即

$$G(\tilde{y}_N) \leqslant G\left(R(\tilde{y}_0)\right)$$

约束滚动算法

算法从阶段 0 开始并序贯进行到最后一个阶段。在典型阶段 k，它已经从给定的初始状态 $\tilde{y}_0 = \tilde{x}_0$ 开始构造了部分轨迹

$$\tilde{y}_k = (\tilde{x}_0, \tilde{u}_0, \tilde{x}_1, \cdots, \tilde{u}_{k-1}, \tilde{x}_k) \tag{6.33}$$

并且满足

$$\tilde{x}_{k+1} = f_t(\tilde{x}_t, \tilde{u}_t), t = 0, 1, \cdots, k-1$$

该算法然后构成了控制集合

$$U_k(\tilde{y}_k) = \{u_k | T_k(\tilde{y}_k, u_k) \in C\}$$

这与可行性一致 [参见式 (6.30)]，按照最小化

$$\tilde{u}_k \in \arg \min_{u_k \in U_k(\tilde{y}_k)} G\left(T_k(\tilde{y}_k, u_k)\right) \tag{6.34}$$

选择控制 $\tilde{u}_k \in U_k(\tilde{y}_k)$[参见式 (6.32)]，其中

$$T_k(\tilde{y}_k, u_k) = (\tilde{y}_k, u_k R\left(\tilde{y}_k, u_k, f_k(\tilde{x}_k, u_k)\right))$$

参见式 (6.29)。最终，算法设定

$$\tilde{x}_{k+1} = f_k(\tilde{x}_k, \tilde{u}_k), \tilde{y}_{k+1} = (\tilde{y}_k, \tilde{u}_k, \tilde{x}_{k+1})$$

参见式 (6.31)。于是获得部分轨迹 $\tilde{y}_{k+1}$ 以开始下一个阶段。

可以看出约束滚动算法并没有比无约束 $T \in C$ 的版本更加复杂，也不需要更多的计算量（只要检查完整轨迹 T 的可行性不需要太大的计算量）。然而注意，我们的算法充分使用了问题的确定性特征，因为检查一条完整轨迹的可行性在随机问题中通常是困难的，所以我们的算法并不能直接推广到随机问题。

刚才描述的针对旅行商问题例 6.6.1 的滚动算法示于图 6.6.3 中。这里想找到最小旅行费用的路线同时满足额外的安全约束，即路线的"安全费用"应当小于特定的阈值。注意，

这个问题中的最小费用的路线 ABDCA 并不满足安全约束。进一步，通过滚动算法获得的路线 ABDCA 几乎不比由基础启发式规则从 A 出发生成的路线 ACDBA 的费用小。事实上如果旅行费用 D→A 更大，由约束滚动产生的路线将比由基础启发式规则从 A 开始产生的路线费用更高。这指向了对约束版本的序贯改进以及强化版本的算法的需要，我们下面讨论。

序贯一致性、序贯改进和费用改进性质

现在介绍序贯一致性和序贯改进条件，可保证式 (6.34) 最小化中的控制集合 $U_k(\tilde{y}_k)$ 非空，且完整轨迹 $T_k(\tilde{y}_k, \tilde{u}_k)$ 的费用在每个 k 是改进的，即

$$G\left(T_{k+1}(\tilde{y}_{k+1}, \tilde{u}_{k+1})\right) \leqslant G\left(T_k(\tilde{y}_k, \tilde{u}_k)\right), k = 0, 1, \cdots, N-1$$

而在该算法的第一步有

$$G\left(T_0(\tilde{y}_0, \tilde{u}_0)\right) \leqslant G\left(R(\tilde{y}_0)\right)$$

于是有费用改进性质

$$G(\tilde{y}_N) \leqslant G\left(R(\tilde{y}_0)\right)$$

成立。

> **定义 6.6.1**　我们说基础启发式规则是序贯一致的，如果不论何时它从一条部分轨迹 y_k 开始产生一条部分的轨迹
>
> $$(x_k, u_k, x_{k+1}, u_{k+1}, \cdots, u_{N-1}, x_N)$$
>
> 那么它也产生从部分轨迹 $y_{k+1} = (y_k, u_k, x_{k+1})$ 开始的部分轨迹
>
> $$(x_{k+1}, u_{k+1}, x_{k+2}, u_{k+2}, \cdots, u_{N-1}, x_N)$$

正如已经在无约束滚动的语境中注意到的，贪婪的启发式规则倾向于是序贯一致的。而且针对系统方程

$$y_{k+1} = (y_k, u_k, f_k(x_k, u_k))$$

最小化末端费用 $G(y_N)$ 的动态规划问题的任意策略 [一系列反馈控制函数 $\mu_k(y_k), k = 0, 1, \cdots, N-1$] 以及可行性约束 $y_N \in C$ 可以看出是序贯一致的。例如，当序贯一致性被违反时，考虑例 6.6.1 的旅行商问题的基础启发式规则。从图 6.6.3 中可以看出基础启发式规则在 A 生成 ACDBA，但是从 AC 产生 ACBDA，这违反了序贯一致性。

从给定的部分轨迹 y_k，用 $y_k \cup R(y_k)$ 表示通过联合 y_k 和由基础启发式规则从 y_k 开始生成的部分轨迹获得的完整轨迹。于是如果

$$y_k = (x_0, u_0, \cdots, u_{k-1}, x_k)$$

且

$$R(y_k) = (x_k, u_{k+1}, \cdots, u_{N-1}, x_N)$$

那么我们有

$$y_k \cup R(y_k) = (x_0, u_0, \cdots, u_{k-1}, x_k, u_{k+1}, \cdots, u_{N-1}, x_N)$$

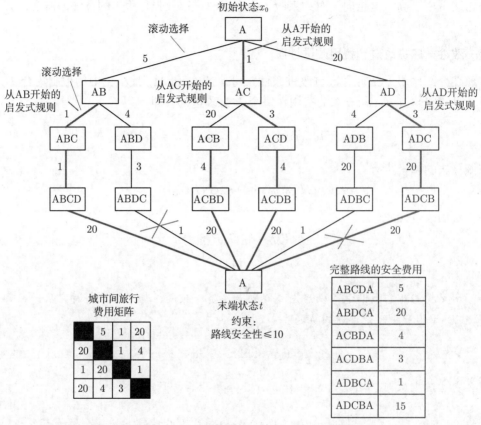

图 6.6.3 约束旅行商问题；参见例 6.6.1，其使用所示的基础启发式规则的滚动解按如下方式完成了一条部分路线：在 A 获得 ACDBA；在 AB 获得 ABCDA；在 AC 获得 ACBDA；在 AD 获得 ADCBA。基础启发式规则不假设有任何特殊结构。它只是可以无须额外的考虑就完成每条部分路线。所以如启发式规则在 A 生成完整路线 ACDBA，一旦旅行商返回到 AC，它就切换到路线 ACBDA。

在城市 A，滚动算法：

（a）考虑部分路线，如 AB、AC 和 AD；

（b）使用基础启发式规则获得对应的完整路线 ABCDA、ACBDA 和 ADCBA；

（c）因为不可行丢弃 ADCBA；

（d）比较另外两条路线 ABCDA 和 ACBDA，发现 ABCDA 具有更小的费用，选择部分路线 AB；

（e）在 AB，考虑部分路线 ABC 和 ABD；

（f）使用基础启发式规则获得对应的完整路线 ABCDA 和 ABDCA，并因为不可行丢弃 ABDCA；

（g）最终选择完整路线 ABCDA。

定义 6.6.2 我们说基础启发式规则是序贯改进的，如果对每个 $k = 0, 1, \cdots, N-1$

和满足 $y_k \cup R(y_k) \in C$ 的部分轨迹 y_k，集合 $U_k(y_k)$ 是非空的，那么我们有

$$G\left(y_k \cup R(y_k)\right) \geqslant \min_{u_k \in U_k(y_k)} G\left(T_k(y_k, u_k)\right) \tag{6.35}$$

注意对于不是序贯一致的基础启发式规则，条件 $y_k \cup R(y_k) \in C$ 并不意味着集合 $U_k(y_k)$ 非空。原因是从 $(y_k, u_k, f_k(x_k, u_k))$ 开始基础启发式规则可以从 y_k 开始产生不同的轨迹，即使它在 y_k 应用 u_k。所以我们不需要在之前的序贯改进的定义中要求 $U_k(y_k)$ 非空（在稍后将讨论的该算法的强化版本中，这一要求将被去掉）。

另外，如果基础启发式规则是序贯一致的，它也是序贯改进的。原因是对于序贯一致的启发式规则，$y_k \cup R(y_k)$ 等于在集合

$$\{T_k(y_k, u_k) | u_k \in U_k(y_k)\}$$

中包含的轨迹中的一条。

我们的主要结论包含在下面的命题中。

命题 6.6.1（约束滚动的费用改进）　假设基础启发式规则是序贯改进的且从初始状态 $\tilde{y}_0 = \tilde{x}_0$ 开始生成了一条可行的完整轨迹，即 $R(\tilde{y}_0) \in C$。那么对于每个 k，集合 $U_k(\tilde{y}_k)$ 是非空的，我们有

$$\begin{aligned}
G\left(R(\tilde{y}_0)\right) &\geqslant G\left(T_0(\tilde{y}_0, \tilde{u}_0)\right) \\
&\geqslant G\left(T_1(\tilde{y}_1, \tilde{u}_1)\right) \\
&\quad\vdots \\
&\geqslant G\left(T_{N-1}(\tilde{y}_{N-1}, \tilde{u}_{N-1})\right) \\
&= G(\tilde{y}_N)
\end{aligned}$$

其中

$$T_k(\tilde{y}_k, \tilde{u}_k) = (\tilde{y}_k, \tilde{u}_k, R(\tilde{y}_{k+1}))$$

参见式 (6.29)。特别地，由约束滚动算法生成的最终轨迹 $\tilde{y}_N$ 是可行的且费用不大于由基础启发式规则从初始状态出发生成的轨迹 $R(\tilde{y}_0)$ 的费用。

证明　由基础启发式规则从 $\tilde{y}_0$ 开始生成完整的轨迹 $R(\tilde{y}_0)$。因为假设 $\tilde{y}_0 \cup R(\tilde{y}_0) = R(\tilde{y}_0) \in C$，所以由序贯改进定义有集合 $U_0(\tilde{y}_0)$ 非空，且有

$$G(R(\tilde{y}_0)) \geqslant G(T_0(\tilde{y}_0, \tilde{u}_0))$$

参见式 (6.35)，而 $T_0(\tilde{y}_0, \tilde{u}_0) \in C$。

通过将 $\tilde{y}_0$ 替换为 $\tilde{y}_1$，将 $R(\tilde{y}_0)$ 替换为 $T(\tilde{y}_0, \tilde{u}_0)$，可以对下一个阶段重复之前的论证。因为 $\tilde{y}_1 \cup R(\tilde{y}_1) = T_0(\tilde{y}_0, \tilde{u}_0) \in C$，从序贯改进的定义，集合 $U_1(\tilde{y}_1)$ 是非空的，且有

$$G\left(T_0(\tilde{y}_0, \tilde{u}_0) = G(\tilde{y}_1 \cup R(\tilde{y}_1))\right) \geqslant G\left(T_1(\tilde{y}_1, \tilde{u}_1)\right)$$

参见式 (6.35)，而 $T_1(\tilde{y}_1, \tilde{u}_1) \in C$。类似地，该论证可以对每个 k 序贯地重复用于验证 $U_k(\tilde{y}_k)$ 非空，且对所有的 k 有 $G(T_k(\tilde{y}_k, \tilde{u}_k)) \geqslant G(T_{k+1}(\tilde{y}_{k+1}, \tilde{u}_{k+1}))$。证毕。

命题 6.6.1 为约束滚动在序贯改进的条件下建立了基本的费用改进性质。另外，我们可以构造例子，其中序贯改进条件式 (6.35) 被违反且其由滚动产生的解的费用大于由基础启发式规则从初始状态开始产生的解的费用（参见无约束滚动例 6.4.2）。

在例 6.6.1 的旅行商问题中，可以验证在图 6.6.3 中描述的基础启发式规则是序贯改进的。然而，如果旅行费用 D→ A 更大，比如 25，那么可以验证序贯改进的定义将在 A 被违反，且由约束滚动产生的路线将比由从 A 开始的基础启发式规则产生的路线费用更大。

强化滚动算法及其他变形

我们现在讨论一些约束滚动算法的变形和推广。首先考虑序贯改进假设不满足的情形。然后可能出现给定的当前部分轨迹 $\tilde{y}_k$，对应于可行轨迹 $T_k(\tilde{y}_k, u_k)$ 控制集合 $U_k(\tilde{y}_k)$[参见式 (6.30)] 是空的，此时滚动算法不能进一步拓展部分轨迹 $\tilde{y}_k$。为了回避这一困难，我们引入以之前给出的强化算法为特征的强化约束滚动算法。为了这一算法的有效性，我们要求基础启发式规则从初始状态 $\tilde{y}_0$ 出发生成一条有效的完整轨迹 $R(\tilde{y}_0)$。

强化约束滚动算法，在当前的部分轨迹之外

$$\tilde{y}_k = (\tilde{x}_0, \tilde{u}_0, \tilde{x}_1, \cdots, \tilde{u}_{k-1}, \tilde{x}_k)$$

保持一条完整的轨迹 $\hat{T}_k$，称为临时最好轨迹，这是可行的（即，$\hat{T}_k \in C$）且直到状态 $\tilde{x}_k$ 都与 $\tilde{y}_k$ 相同，即 $\hat{T}_k$ 具有如下形式：

$$\hat{T}_k = (\tilde{x}_0, \tilde{u}_0, \tilde{x}_1, \cdots, \tilde{u}_{k-1}, \tilde{x}_k, \bar{u}_k, \bar{x}_{k+1}, \cdots, \bar{u}_{N-1}, \bar{x}_N) \tag{6.36}$$

对某个 $\bar{u}_k, \bar{x}_{k+1}, \cdots, \bar{u}_{N-1}, \bar{x}_N$ 满足

$$\bar{x}_{k+1} = f_l(\tilde{x}_k, \bar{u}_k), \bar{x}_{t+1} = f_t(\bar{x}_t, \bar{u}_t), t = k+1, \cdots, N-1$$

一开始，$\hat{T}_0$ 是完整的轨迹 $R(\tilde{y}_0)$，由基础启发式规则从 $\tilde{y}_0$ 开始生成，假设为可行。在阶段 k，算法构成控制 $u_k \in U_k(\tilde{y}_k)$ 的子集 $\hat{U}_k(\tilde{y}_k)$ 满足对应的 $T_k(\tilde{y}_k, u_k)$ 不仅可行而且具有的费用不大于一条当前的临时最好轨迹：

$$\hat{U}_k(\tilde{y}_k) = \left\{ u_k \in U_k(\tilde{y}_k) | G(T_k(\tilde{y}_k, u_k)) \leqslant G(\hat{T}_k) \right\}$$

在状态 k 有两种需要考虑的情形：

（1）集合 $\hat{U}_k(\tilde{y}_k)$ 非空。于是算法构成了部分轨迹 $\tilde{y}_{k+1} = (\tilde{y}_k, \tilde{u}_k, \tilde{x}_{k+1})$，其中

$$\tilde{u}_k \in \arg \min_{u_k \in \hat{U}_k(\tilde{y}_k)} G(T_k(\tilde{y}_k, u_k)), \tilde{x}_{k+1} = f_k(\tilde{x}_k, \tilde{u}_k)$$

并且设定 $T_k(\tilde{y}_k, \tilde{u}_k)$ 为新的临时最好轨迹，即

$$\hat{T}_{k+1} = T_k(\tilde{y}_k, \tilde{u}_k)$$

（2）集合 $\hat{U}_k(\tilde{y}_k)$ 为空。那么，算法构成部分轨迹 $\tilde{y}_{k+1} = (\tilde{y}_k, \tilde{u}_k, \tilde{x}_{k+1})$，其中

$$\tilde{u}_k = \bar{u}_k, \tilde{x}_{k+1} = \bar{x}_{k+1}$$

而且 $\bar{u}_k, \bar{x}_{k+1}$ 是在当前的临时最好轨迹 $\hat{T}_k$ 中在 $\tilde{x}_k$ 之后的控制和状态 [参见式 (6.36)]，保持 $\hat{T}_k$ 不变，即

$$\hat{T}_{k+1} = \hat{T}_k$$

可以看出强化约束滚动算法将遵循初始完整轨迹 $\hat{T}_0$，由基础启发式规则从 $\tilde{y}_0$ 开始生成，直到阶段 k 它发现一条新的可行完整轨迹且具有更小的费用，于是代替 $\hat{T}_0$ 作为临时最好轨迹。类似地，新的临时最好轨迹 $\hat{T}_k$ 可以后续被另一条具有更小费用的可行轨迹替代，等等。

注意，如果基础启发式规则是序贯改进的，并且对所有的 k 均有临时最好轨迹 $\hat{T}_{k+1}$ 等于完整轨迹 $T_k(\tilde{y}_k, \tilde{u}_k)$，那么强化滚动算法将产生与之前给出的（非强化）滚动算法相同的完整轨迹。原因是如果基础启发式规则是序贯改进的，那么有非强化算法生成的控制 $\tilde{u}_k$ 属于集合 $\hat{U}_k(\tilde{y}_k)$[由命题 6.6.1，上面的情形（1）将成立]。

然而，可以验证即使当基础启发式规则不是序贯改进的，强化滚动算法也将产生一条可行的完整轨迹，且其费用不差于由基础启发式规则从 $\tilde{y}_0$ 开始产生的完整轨迹的费用。这是因为每条临时最好轨迹的费用不差于其前驱，且初始临时最好轨迹仅仅是由基础启发式规则从初始条件 $\tilde{y}_0$ 开始产生的轨迹。

基于树的滚动算法

通过保持多于一条部分轨迹来改进滚动算法性能是可能的。特别地，与其用式 (6.33) 的部分轨迹 $\tilde{y}_k$，我们可以保持以 $\tilde{y}_0$ 为根的部分轨迹构成的一颗树。这些轨迹无须具有相同的长度，即它们不需要涉及相同数量的阶段。在算法的每一步，我们从这棵树中选择单条部分轨迹并执行滚动算法，就好像这条部分轨迹就是唯一的那条。令这条部分轨迹有 k 个阶段并记为 $\tilde{y}_k$。然后与之前的滚动算法类似拓展 $\tilde{y}_k$，这可能用到多条可行轨迹。这一算法存在强化版本，其中保持一条临时最好轨迹，这是到目前为止生成的最小费用完整轨迹。

这一基于树的算法的目的是获得改进的性能，本质上是因为它可以回溯并拓展在之前的阶段已经生成但是临时被丢弃的部分轨迹。这是一个更灵活的算法能够检查更多的备选轨迹。注意在树中选择保留的部分轨迹的数量时，存在很大自由度。

最后提一下基于树的算法的缺陷：它适合于离线计算，但是不能应用于在线情形，其中要求随着系统实时演化在当前的状态变成已知之后选择滚动控制。

约束多智能体滚动

考虑控制空间的一种特殊结构，其中控制 u_k 由 m 个元素构成，$u_k = (u_k^1, u_k^2, \cdots, u_k^m)$，每个都属于对应的集合 $U_k^l(x_k), l = 1, 2, \cdots, m$。所以控制空间在阶段 k 是笛卡儿积

$$U_k(x_k) = U_k^1(x_k) \times U_k^2(x_k) \times \cdots \times U_k^m(x_k)$$

我们称这个为多智能体情形，由每个元素 $u_k^l, k = 1, 2, \cdots, m$ 通过在阶段 k 的一个单独的智能体 l 选择的特殊情形启发。

与第 3 章的随机无约束情形类似，我们可以引入一个修订的但是等价的问题，涉及每次一个智能体控制的选择。特别地，在通用状态 x_k，我们将控制 u_k 分解成为 m 个控制 $u_k^1, u_k^2, \cdots, u_k^m$ 构成的序列，且在 x_k 和下一个状态 $x_{k+1} = f_k(x_k, u_k)$ 之间，我们引入人工中间"状态"

$$(x_k, u_k^1), (x_k, u_k^1, u_k^2), \cdots, (x_k, u_k^1, \cdots, u_k^{m-1})$$

和对应的转移。最后一个控制元素 u_k^m 在"状态" $(x_k, u_k^1, \cdots, u_k^{m-1})$ 的选择标志了系统状态转移到下一个状态 $x_{k+1} = f_k(x_k, u_k)$ 及费用 $g_k(x_k, u_k)$。显然这一重新建模的问题等价于原问题，因为在一个问题中可能的任意控制选择在另一个问题中也是可能的，而且具有相同的费用。

通过分析重新建模后的问题，我们可以考虑一个滚动算法，在每个阶段需要进行 m 个最小化，每个最小化对应控制元素 $u_k^1, u_k^2, \cdots, u_k^m$ 中的一个，过去的控制已经由滚动算法确定了，而未来的控制通过运行基础启发式规则确定。假设在控制元素空间 $U_k^l(x_k), l = 1, 2, \cdots, m$ 中最多有 n 个元素，对 m 个单控制元素的最小化所需要的计算量是每阶段 $O(nm)$ 阶。相比之下，标准滚动最小化式 (6.34) 在每个阶段涉及的计算和比较多达 n^m 项 $G(T_k(\tilde{y}_k, u_k))$。

6.7 使用部分可观马尔可夫决策问题模型滚动的自适应控制

本节讨论近似求解具有特定结构的部分可观马尔可夫决策问题（简记为 POMDP）的多种方法，这些方法也适合于自适应控制问题，以及涉及搜索隐藏物体的其他情形。众所周知，POMDP 是具有挑战性的动态规划问题之一，几乎总是需要使用近似获得（次优）解。

对一般的有限状态 POMDP 应用与实现滚动和近似策略迭代方法在作者的强化学习书 [Ber19a]（5.7.3 节）中进行了描述。这里我们将聚焦在一类特殊的 POMDP，其状态由以下两部分组成：

（a）完美观测的 x_k 按照离散时间方程随时间演化；

（b）不可观但是保持不变的 θ，通过对 x_k 的完美观测进行估计。

我们将 θ 视作决定 x_k 演化的系统方程中的参数。于是有

$$x_{k+1} = f_k(x_k, \theta, u_k, w_k) \tag{6.37}$$

其中，u_k 是在时刻 k 的控制，从集合 $U_k(x_k)$ 中选取；w_k 是具有给定概率分布的随机扰动，其分布取决于 (x_k, θ, u_k)。假设 θ 仅取 m 个已知值 $\theta^1, \theta^2, \cdots, \theta^m$：

$$\theta \in \{\theta^1, \theta^2, \cdots, \theta^m\}$$

θ 的先验概率分布给定且基于状态 x_k 的观测值和施加的控制 u_k 更新。特别地，假设在时刻 k 可以获得信息向量

$$I_k = \{x_0, x_1, \cdots, x_k, u_0, u_1, \cdots, u_{k-1}\}$$

且被用于计算条件概率

$$b_{k,i} = P\left\{\theta = \theta^i | I_k\right\}, i = 1, 2, \cdots, m$$

这些概率构成向量

$$b_k = (b_{k,1}, b_{k,2}, \cdots, b_{k,m})$$

这与完美观测的状态 x_k 一起构成的 (x_k, b_k) 对常被称为 POMDP 在时刻 k 的信念状态。

注意，根据 POMDP 的经典方法论（例如见 [Ber17a] 第 4 章），信念元素 b_{k+1} 由信念状态 (x_k, b_k)、控制 u_k 和在时刻 $k+1$ 获得的观测 (即 x_{k+1}) 所确定。所以 b_k 可以按照如下形式的方程进行更新

$$b_{k+1} = B_k(x_k, b_k, u_k, x_{k+1})$$

其中，B_k 是某个恰当的函数，可以被视作对 θ 的迭代估计。存在几种实现这一估计的方法（可能具有一些近似误差），包括使用贝叶斯法则和粒子滤波器的基于仿真的方法。

前述数学模型构成了经典的自适应控制模型的基础，其中每个 θ^i 代表一个未知的系统参数集合，对信念概率 $b_{k,i}$ 的计算可以视作系统辨识算法的结果。在这一背景下，该问题变成了一个对偶控制，这类问题中的辨识与控制需要联合求解，求取其最优解相当困难。

另一个有趣的背景出现在搜索问题中，其中 θ 指定了给定空间中一个或者多个我们感兴趣的物体的位置。一些谜题，包括著名的 Wordle 英文猜词游戏，属于这一类别，正如我们将在本节简要讨论的那样。

精确动态规划算法——值空间近似

现在描述一个精确动态规划算法，该法在信息向量 I_k 的空间上进行操作。为了描述这一算法，用 $J_k(I_k)$ 表示从时刻 k 的信息向量 I_k 开始的最优费用。使用如下方程：

$$I_{k+1} = (I_k, x_{k+1}, u_k) = (I_k, f_k(x_k, \theta, u_k, w_k), u_k)$$

算法的形式如下：

$$J_k(I_k) = \min_{u_k \in U_k(x_k)} E_{\theta, w_k} \{g_k(x_k, \theta, u_k, w_k) +$$

$$J_{k+1}(I_k, f_k(x_k, \theta, u_k, w_k), u_k) | I_k, u_k\} \tag{6.38}$$

对于 $k = 0, 1, \cdots, N-1$，满足 $J_N(I_N) = g_N(x_N)$，例如见动态规划教材 [Ber17a]4.1 节。

通过使用期望的交换法则

$$E_{\theta, w_k}\{\cdot | I_k, u_k\} = E_\theta\{E_{w_k}\{\cdot | I_k, \theta, u_k\} | I_k, u_k\}$$

可以重写这一动态规划算法如下：

$$J_k(I_k) = \min_{u_k \in U_k(x_k)} \sum_{i=1}^m b_{k,i} E_{w_k} \{g_k(x_k, \theta^i, u_k, w_k) +$$

$$J_{k+1}(I_k, f_k(x_k, \theta^i, u_k, w_k), u_k) | I_k, \theta^i, u_k\} \tag{6.39}$$

上式中对 i 求和表示 θ 条件于 I_k 和 u_k 的期望值。

式 (6.39) 的算法通常非常难于实现，因为 J_{k+1} 依赖于整个信息向量 I_{k+1}，后者的尺寸按照

$$I_{k+1} = (I_k, x_{k+1}, u_k)$$

增长。为了处理这一困难，可以使用值空间近似，比如将动态规划算法式 (6.38) 中的 J_{k+1} 替换为某个通过可承受的（离线或者在线）计算获得的函数。

一种可能的近似方法是使用对应于每个参数值 θ^i 的最优费用函数：

$$\hat{J}^i_{k+1}(x_{k+1}), i = 1, 2, \cdots, m \tag{6.40}$$

这里，$\hat{J}^i_{k+1}(x_{k+1})$ 是从状态 x_{k+1} 开始在假设 $\theta = \theta^i$ 之下将获得的最优费用；这对应于一个完美状态信息问题。于是采用单步前瞻最小化的值空间近似机制给定如下：

$$\tilde{u}_k \in \arg \min_{u_k \in U_k(x_k)} \sum_{i=1}^{m} b_{k,i} E_{w_k} \big\{ g_k(x_k, \theta^i, u_k, w_k) +$$

$$\hat{J}^i_{k+1}\left(f_k(x_k, \theta^i, u_k, w_k)\right) | x_k, \theta^i, u_k \big\} \tag{6.41}$$

特别地，与最小化出现在式 (6.38) 右侧的 (I_k, u_k) 的最优 Q-因子的最优控制不同，我们施加的控制 $\tilde{u}_k$ 能够最小化最优 Q-因子当 θ 变化时的期望值，每个这样的 Q-因子相对于 θ 的固定取值是最优的。

该方法的一个简化版本是对每个 i 使用相同的函数 $\hat{J}^i_{k+1}$。然而当系统方程的定性特征受 i 影响大时，应当对不同的 i 使用不同的函数 $\hat{J}^i_{k+1}$。

一般而言，对应于不同参数值 θ^i 的最优费用 $\hat{J}^i_{k+1}(x_{k+1})$[参见式 (6.40)] 可能难以计算，尽管其具有完美状态信息结构。[1]一种可能的替代是使用离线训练的基于特征或者基于神经网络近似 $\hat{J}^i_{k+1}(x_{k+1})$。

在无限时段问题中，期待对参数 θ 的估计随时间改善是合理的，通过使用合适的估计机制，最终渐近地收敛到 θ 的正确值，记为 θ^*，即

$$\lim_{k \to \infty} b_{k,i} = \begin{cases} 1, & \text{若 } \theta^i = \theta^* \\ 0, & \text{若 } \theta^i \neq \theta^* \end{cases}$$

于是可以看出所生成的单步前瞻控制 $\tilde{u}_k$ 渐近地从对应于正确参数 θ^* 的贝尔曼方程获得，通常在某种渐近意义下是最优的。这类机制已经在从 20 世纪 70 年代以来的自适应控制的文献中进行了讨论，如 Mandl[Man74]，Doshi 和 Shreve[DoS80]，Kumar 和 Lin[KuL82]，Kumar[Kum85]。进一步，同时进行参数辨识并施加自适应控制的一些缺点也被描述了，见 Borkar 和 Varaiya[BoV79]，Kumar[Kum83]，以及 [Ber17a]6.8 节的相关讨论。

---

① 在一些特殊情形中，例如线性二次型问题，最优费用 $\hat{J}^i_{k+1}(x_{k+1})$ 可以简单地用闭式计算。然而，即使在这样的情形中，对信念概率 $b_{k,i}$ 的计算可能也不简单，可能需要使用系统辨识算法。

滚动

另一种可能性是使用给定策略 π^i 的费用替代最优费用 $\hat{J}_{k+1}^i(x_{k+1})$。这一情形中的单步前瞻机制式 (6.41) 的形式为

$$
\tilde{u}_k \in \arg\min_{u_k \in U_k(x_k)} \sum_{i=1}^m b_{k,i} E_{w_k} \Big\{ g_k(x_k, \theta^i, u_k, w_k)
$$

$$
\hat{J}_{k+1,\pi^i}^i \big(f_k(x_k, \theta^i, u_k, w_k) \big) \,|\, x_k, \theta^i, u_k \Big\} \tag{6.42}
$$

并且具有滚动算法的特征,其中 $\pi^i = \left\{ \mu_0^i, \mu_1^i, \cdots, \mu_{N-1}^i \right\}, i = 1, 2, \cdots, m$ 为已知基础策略,其中元素 μ_k^i 依赖于 x_k。这里,式 (6.42) 中的

$$
\hat{J}_{k+1,\pi^i}^i \big(f_k(x_k, \theta^i, u_k, w_k) \big)
$$

是基础策略 π^i 的费用,从下一个状态

$$
x_{k+1} = f_k(x_k, \theta^i, u_k, w_k)
$$

开始并将 θ 保持在 $\theta = \theta^i$ 不变,直到时段结束。

这一算法与我们之前在 5.2 节中讨论过的自适应控制、滚动算法有关。确实,当信念概率 $b_{k,i}$ 意味着确定性时,即 $b_{k,\bar{i}} = 1$ 对某个参数指标 $\bar{i}$ 成立,且 $b_{k,i} = 0$ 对 $i \neq \bar{i}$ 成立,那么式 (6.42) 的算法与 5.2 节中的通过重新优化获得的滚动相同,在那里假设系统模型已经被精确估计出来。而且如果所有的策略 π^i 相同,那么与之前类似可以证明费用改进的性质。

确定性系统情形

现在考虑式 (6.37) 的系统为确定形式

$$
x_{k+1} = f_k(x_k, \theta, u_k) \tag{6.43}
$$

尽管关于 θ 的值仍有不确定性,该问题仍有随机特征,但是式 (6.39) 的动态规划算法及其值空间近似获得极大简化,这是因为不需要处理在 w_k 上的期望。特别地,给定状态 x_k、参数 θ^i 和控制 u_k,式 (6.42) 的滚动类算法的在线计算形式如下:

$$
\tilde{u}_k \in \arg\min_{u_k \in U_k(x_k)} \sum_{i=1}^m b_{k,i} \Big(g_k(x_k, \theta^i, u_k) + \hat{J}_{k+1,\pi^i}^i \big(f_k(x_k, \theta^i, u_k) \big) \Big) \tag{6.44}
$$

对 $\hat{J}_{k+1,\pi^i}^i \big(f_k(x_k, \theta^i, u_k) \big)$ 的计算涉及从式 (6.43) 的状态 x_{k+1} 开始的确定性传播直到时段结束,使用基础策略 π^i,并且假设 θ 固定在值 θ^i。

进一步,在确定性情形中,因为在每个阶段 k 均收到与 θ 有关的无噪声的测量,即状态 x_k,所以通常可以期待在有限阶段内能辨识出真实参数 θ^*。一个有趣且直观的例子是广受欢迎的 Wordle 英文猜词游戏。

例 6.7.1 （Wordle 英文猜词游戏）

在该游戏的经典形式中，我们尝试从一个已知的由 5 个字母的单词构成的有限集合中猜测一个神秘的单词 θ^*。这通过序贯地猜测来完成，通过使用一些给定的规则压缩当前的神秘列表（基于当前可用信息获得的包含 θ^* 的最短列表），每次猜测提供了关于正确单词 θ^* 的额外信息，目标是最小化找到 θ^* 所需要的猜测次数（使用超过 6 次猜测被认为失败）。

压缩神秘列表的规则与在所猜测的单词与神秘单词 θ^* 之间的共同字母有关，这里不再赘述（存在许多与 Wordle 猜词游戏有关的文献）。进一步，假设 θ^* 按照均匀分布从由 5 个字母单词构成的初始列表中选定。在这一假设下，可以证明在阶段 k 的信念分布 b_k 保持为在神秘列表上的均匀分布。结果，我们可以使用阶段 k 的神秘列表作为状态 x_k，这一列表按照式 (6.43) 的方程确定性地演化，其中 u_k 为在阶段 k 所猜测的单词。存在几种可用于式 (6.44) 的滚动类算法的基础策略，这将在其他地方进行讨论。

滚动方法也适用于 Wordle 猜词游戏的几种变形。例如，这些变形可能包括更长的 $l > 5$ 的神秘单词，以及在初始的 l 字母单词集合上的非均匀分布。在另一种变形中，神秘单词可能在每次猜测之前发生变化，并且由一位恶意的对手从当前的神秘列表中选定。于是神秘列表在任意阶段不能增加，可能减少，直至最终确定。这导出了在 6.8 节中所讨论的极小化极大控制问题。

基于信念的值空间近似与滚动

现在考虑另一种基于信念的动态规划算法，给定如下等式：

$$J_k'(x_k, b_k) = \min_{u_k \in U_k(x_k)} E_{\theta, w_k} \{g_k(x_k, \theta, u_k, w_k) + J_{k+1}'(x_{k+1}, b_{k+1})\} \tag{6.45}$$

其中

$$x_{k+1} = f_k(x_k, \theta, u_k, w_k), b_{k+1} = B_k(x_k, b_k, u_k, x_{k+1})$$

式 (6.38) 与式 (6.45) 的算法之间的关系：如果将 b_k 写成 I_k 的函数，那么等式

$$J_k(I_k) = J_k'(x_k, b_k)$$

始终成立，即对所有的 I_k 成立，例如见 [Ber17a] 第 4 章。

考虑近似，其中遵照值空间近似的思想将 J_{k+1}' 替换为某个其他的更容易计算的函数。沿着这一思路存在几种可能，其中一些已经在之前的章节中进行了讨论。特别地，在滚动算法中引入基础策略 $\pi = \{\mu_0, \mu_1, \cdots, \mu_{N-1}\}$，其元素 μ_k 是 (x_k, b_k) 的函数，且用 π 的费用函数 $J_{k+1,\pi}'$ 替代 J_{k+1}'。这获得如下的算法：

$$\tilde{u}_k \in \arg\min_{u_k \in U_k(x_k)} E_{\theta, w_k} \{g_k(x_k, \theta, u_k, w_k) + J_{k+1,\pi}'(x_{k+1}, B_k(x_k, b_k, u_k, x_{k+1}))\}$$

其中 x_{k+1} 给定为

$$x_{k+1} = f_k(x_k, \theta, u_k, w_k)$$

例 6.7.2（搜索多个地点找宝藏）

在一个经典且有挑战性的搜索问题中存在 m 个地点，标记为 $1, 2, \cdots, m$，其中一处且仅一处有宝藏。假设搜索地点 i 的费用是已知量 $c_i > 0$。如果地点 i 被搜索了且宝藏确实在那里，那么这次搜索以概率 p_i 找到这个宝藏，此时搜索终止且没有进一步的费用。问题是找到最小化找到宝藏的总期望费用的搜索策略。

这一问题的基本结构在广泛的多类应用中出现，如搜救、检修以及多种人工智能搜索问题。应用的范围可以通过考虑这一问题的变形来拓展，比如有多个宝藏且价值依赖于地点，比如有多个智能体、搜索者且有不同法的搜索费用。一些相关的问题具有精确解析解。动态规划教材 [Ber17] 的例 4.3.1 中讨论了一种简单情形。在多柄老虎机问题的背景中出现了一种相关的但是结构上不同的问题模型，见动态规划教材 [Ber12] 例 1.3.1。

阶段 k 开始时，即在 k 次搜索之后，地点 i 包含宝藏的概率，记为 $b_{k,i}$。定义

$$b_k = (b_{k,1}, b_{k,2}, \cdots, b_{k,m})$$

为该 POMDP 问题的信念状态，初始信念状态 b_0 给定。因为宝藏尚未找到，阶段 k 的控制 u_k 是从 m 个搜索地点 $1, 2, \cdots, m$ 中选择一个。确切地说，信念状态也包括状态 x_k，其有两个可能值："未找到宝藏"和末端状态"找到宝藏"。存在一个简单的系统方程，一旦出现一次成功的搜索，x_k 就转移到末端状态。

信念状态按照一个方程演化，借助于贝叶斯准则的帮助可以计算该方程。特别地，假设宝藏尚未找到，且在时刻 k 搜索了地点 $\bar{i}$。那么通过应用贝叶斯准则，可以验证概率 $b_{k,\bar{i}}$ 按照如下方式更新：

$$b_{k+1,\bar{i}} = \begin{cases} 1, & \text{如果这次搜索找到了宝藏} \\ \dfrac{b_{k,\bar{i}}(1-p_{\bar{i}})}{b_{k,\bar{i}}(1-p_{\bar{i}}) + \sum_{i \neq \bar{i}} b_{k,i}}, & \text{如果这次搜索没有找到宝藏} \end{cases}$$

满足 $j \neq \bar{i}$ 的概率 $b_{k,j}$ 按照如下方式更新：

$$b_{k+1,j} = \begin{cases} 0, & \text{如果这次搜索找到了宝藏} \\ \dfrac{b_{k,j}}{b_{k,\bar{i}}(1-p_{\bar{i}}) + \sum_{i \neq \bar{i}} b_{k,i}}, & \text{如果这次搜索没有找到宝藏} \end{cases}$$

我们将这些方程写成抽象的形式

$$b_{k+1,i} = B_k^i(b_k, u_k, x_{k+1})$$

其中，x_{k+1} 分别依概率 $b_{k,\bar{i}} p_{\bar{i}}$ 和 $1 - b_{k,\bar{i}} p_{\bar{i}}$ 取值"找到宝藏"和"未找到宝藏"（这里的 u_k 为在时刻 k 搜索地点 $\bar{i}$）。

现在假设有基础策略 $\pi = \{\mu_0, \mu_1, \cdots\}$，这由函数 μ_k 构成，这些函数在给定当前信念状态 b_k 后选择搜索地点 $\mu_k(b_k)$。于是假设在时刻 k 尚未找到宝藏，那么式 (6.42) 的滚动算法的形式为

$$\tilde{u}_k \in \arg \min_{u_k \in \{1,2,\cdots,m\}} \left[c_{u_k} + E_{x_{k+1}} \left\{ J'_{k+1,\pi} \left(B_k(b_k, u_k, x_{k+1}) \right) \right\} \right] \tag{6.46}$$

其中，$J'_{k+1,\pi}(B_k(b_k, u_k, x_{k+1}))$ 是基础策略从信念状态

$$B_k(b_k, u_k, x_{k+1}) = \left(B_k^1(b_k, u_k, x_{k+1}), \cdots, B_k^m(b_k, u_k, x_{k+1})\right)$$

开始的期望费用。在式 (6.46) 中出现的从信念状态 b_{k+1} 出发的费用 $J'_{k+1,\pi}(b_{k+1})$ 可以按照如下的方式通过使用迭代期望法则计算出来：对每个 $i = 1, 2, \cdots, m$，计算从 b_{k+1} 开始使用 π 将出现的费用 $C_{i,\pi}$，并且假设宝藏位于地点 i，这可以通过仿真来进行。然后设定

$$J'_{k+1,\pi}(b_{k+1}) = \sum_{i=1}^{m} b_{k+1,i} C_{i,\pi}.$$

基础策略 π 存在几种可能性，可能取决于问题背景。作为一个简单的例子，可以令 π 为贪婪策略选择最大化成功概率

$$\bar{i} \in \arg\max_{i \in \{1, 2, \cdots, m\}} b_{k,i}$$

的地点 $\bar{i}$。小结一下，假设对所有的 b_k 和 u_k 可在线获得，如下项：

$$E_{x_{k+1}} \left\{ J'_{k+1,\pi}(B_k(b_k, u_k, x_{k+1})) \right\}$$

那么式 (6.46) 的算法提供了一种综合使用在线和离线计算（可能涉及仿真）的实现方式，并获得单步前瞻次优策略。

6.8　极小化极大控制的滚动

不确定系统的最优控制问题通常在随机框架中处理，其中所有扰动 $w_0, w_1, \cdots, w_{N-1}$ 由概率分布描述而且费用的期望值被最小化。然而，在许多实际情形中未必有扰动的随机描述，但是可能有粗略的关于结构的信息，比如其大小的界。换言之，可能知道扰动所处的集合，但是未必知道对应的概率分布。在这些情形中可以使用极小化极大方法，其中假设出现的是在所给集合中扰动最坏可能的取值。在这一语境下，我们采用的视角是由对手选择扰动。极小化极大方法也与两玩家博弈有关联，在缺乏关于对手的信息时，在线对弈中考虑最坏情形，希望能抵御敌对攻击。[①]

具体而言，考虑有限时段的语境，并且假设扰动 $w_0, w_1, \cdots, w_{N-1}$ 没有概率描述但已知属于对应的给定集合 $W_k(x_k, u_k) \subset D_k, k = 0, 1, \cdots, N-1$，后者可能取决于当前状态 x_k 和控制 u_k。极小化极大控制问题是找到策略 $\pi = \{\mu_0, \mu_1, \cdots, \mu_{N-1}\}$ 对所有的 x_k 和 k 满足 $\mu_k(x_k) \in U_k(x_k)$，该策略最小化如下费用函数

$$J_\pi(x_0) = \max_{w_k \in W_k(x_k, \mu_k(x_k)), k=0,1,\cdots,N-1} \left[g_N(x_N) + \sum_{k=0}^{N-1} g_k(x_k, \mu_k(x_k), w_k) \right]$$

---

① 决策与控制的极小化极大方法可追溯至 20 世纪 50 年代和 60 年代，也在不同语境中用不同的名称，例如鲁棒控制、鲁棒优化、采用集合隶属度描述不确定性的控制以及与自然的博弈。在本书中，我们将使用极小化极大控制这一名称。

这个问题的动态规划算法具有如下形式，再现了对应于随机动态规划问题的（用最大化替换期望）算法形式：

$$J_N^*(x_N) = g_N(x_N) \tag{6.47}$$

$$J_k^*(x_k) = \min_{u_k \in U(x_k)} \max_{w_k \in W_k(x_k, u_k)} \left[g_k(x_k, u_k, w_k) + J_{k+1}^*\left(f_k(x_k, u_k, w_k)\right) \right] \tag{6.48}$$

该算法可用最优化原理一类的论述来解释。特别地，考虑尾部子问题，在时刻 k 的状态 x_k，最小化"后续费用"

$$\max_{w_t \in W_t(x_t, \mu_t(x_t)), t=k, k+1, \cdots, N-1} \left[g_N(x_N) + \sum_{t=k}^{N-1} g_t\left(x_t, \mu_t(x_t), w_t\right) \right]$$

我们的论断是如果 $\pi^* = \{\mu_0^*, \mu_1^*, \cdots, \mu_{N-1}^*\}$ 是极小化极大问题的一个最优策略，那么该策略的尾部 $\{\mu_k^*, \mu_{k+1}^*, \cdots, \mu_{N-1}^*\}$ 对于尾部子问题是最优的。这一子问题的最优费用是 $J_k^*(x_k)$，正如由动态规划算法式 (6.47) 和式 (6.48) 所给出的。该算法表达了以下直观事实：当在时刻 k 处于状态 x_k，那么无论过去发生了什么，我们都应选择 u_k 最小化当前阶段费用加上从下一个状态开始的尾部子问题的最优费用之和在 w_k 上的最大值。这一论述需要数学证明，其中涉及一些细节。对于细致的数学推导，我们推荐作者的教材 [Ber17a]1.6 节。然而，在其他情形中，假设有限状态和控制空间，动态规划算法式 (6.47) 和式 (6.48) 是正确的。

值空间近似和极小化极大滚动

随机最优控制的近似思想也与极小化极大语境有关。特别地，采用单步前瞻的值空间近似在状态 x_k 施加控制

$$\tilde{u}_k \in \arg \min_{u_k \in U_k(x_k)} \max_{w_k \in W_k(x_k, u_k)} \left[g_k(x_k, u_k, w_k) + \tilde{J}_{k+1}\left(f_k(x_k, u_k, w_k)\right) \right] \tag{6.49}$$

其中，$\tilde{J}_{k+1}(x_{k+1})$ 是对于从状态 x_{k+1} 的最优后续费用 $J_{k+1}^*(x_{k+1})$ 的一个近似。

当这一近似是某个基础策略 $\pi = \{\mu_0, \mu_1, \cdots, \mu_{N-1}\}$ 的尾部费用时，给定 π，用扰动 $w_{k+1}, w_{k+2}, \cdots, w_{N-1}$ 扮演"优化变量/控制"的角色并求解一个确定性最大化动态规划问题，我们可以算出 $J_{k+1,\pi}(x_{k+1})$。对于有限状态、控制和扰动空间，这是在无环图上定义的最长路问题，因为控制变量 $u_{k+1}, u_{k+2}, \cdots, u_{N-1}$ 由基础策略确定。然后可直接实现滚动：在 x_k，生成所有形式为

$$x_{k+1} = f_k(x_k, u_k, w_k)$$

的下一状态，对应于所有可能值 $u_k \in U_k(x_k)$ 和 $w_k \in W_k(x_k, u_k)$。然后从这些可能的下一状态中的每一个 x_{k+1} 运行上面描述的最长路问题计算 $\tilde{J}_{k+1}(x_{k+1})$。最后，通过求解式 (6.49) 中的极小化极大问题获得滚动控制 $\tilde{u}_k$。进一步，可能使用截断滚动近似基础策略的尾部费用。注意，与所有滚动算法类似，极小化极大滚动算法良好地适用于在数据变化或者数据在控制选择的过程中被揭示的问题中在线重规划。

我们之前注意到确定性问题允许更一般形式的滚动，其中可以使用未必合法的策略作为基础启发式规则，即该规则未必是序贯一致的。为了费用改进，该启发式规则是序贯改

进的就足够了。对于滚动的一种类似的更一般的视角不易于为随机问题构造，但对于极小化极大控制是可能的。

特别地，假设在任意状态 x_k 存在一个启发式规则生成一系列可行控制和扰动以及对应的状态

$$\{u_k, w_k, x_{k+1}, u_{k+1}, w_{k+1}, x_{k+2}, \cdots, u_{N-1}, w_{N-1}, x_N\}$$

具有对应的费用

$$H_k(x_k) = g_k(x_k, u_k, w_k) + \cdots + g_{N-1}(x_{N-1}, u_{N-1}, w_{N-1}) + g_N(x_N)$$

然后滚动算法在状态 x_k 施加控制

$$\tilde{u}_k \in \arg \min_{u_k \in U_k(x_k)} \max_{w_k \in W_k(x_k, u_k)} [g_k(x_k, u_k, w_k) + H_{k+1}(f_k(x_k, u_k, w_k))]$$

这并不排除扰动 $w_k, w_{k+1}, \cdots, w_{N-1}$ 由对手选择的可能性，但是允许更加一般性的扰动选择，如由某种形式的近似最大化获得。当扰动涉及多个元素时，$w_k = (w_k^1, w_k^2, \cdots, w_k^m)$，对应多个对立智能体，启发式规则可能涉及智能体一对一的最大化策略。

序贯改进条件，与确定性情形类似，是对所有 x_k 和 k 有

$$\min_{u_k \in U_k(x_k)} \max_{w_k \in W_k(x_k, w_k)} [g_k(x_k, u_k, w_k) + H_{k+1}(f_k(x_k, u_k, w_k))] \leqslant H_k(x_k)$$

它保证了费用改进，即对所有 x_k 和 k，滚动策略

$$\tilde{\pi} = \{\tilde{\mu}_0, \tilde{\mu}_1, \cdots, \tilde{\mu}_{N-1}\}$$

满足

$$J_{k,\tilde{\pi}}(x_k) \leqslant H_k(x_k)$$

所以，一般来说，极小化极大滚动相当类似确定性及随机动态规划问题的滚动。与确定性（或随机）问题的主要区别是为了计算一个控制 u_k 的 Q-因子，我们需要求解一个最大化问题，而不是用给定的基础策略执行一个确定性（或者对应的蒙特卡罗）仿真。

例 6.8.1（追击-逃避问题）

考虑一个追击-逃避问题，在阶段 k 的状态为 $x_k = (x_k^1, x_k^2)$，其中 x_k^1 是最小化者/追击者的位置，x_k^2 是最大化者/逃避者的位置，均在定义在二维或三维空间的一个（有限节点）图中。还有一个无费用的吸收终止状态，由包括所有满足 $x^1 = x^2$ 的对 (x^1, x^2) 的子集构成。追击者在每个阶段 k 当处于状态 x_k 时，从有限个行为 $u_k \in U_k(x_k)$ 中选出一个，若状态是 x_k 且追击者选择了 u_k，逃避者可以从一个已知的下一个状态 x_{k+1} 的集合 $X_{k+1}(x_k, u_k)$ 中进行选择，该集合取决于 (x_k, u_k)。追击者的目标是最小化 N 个阶段结束时的非负末端费用 $g(x_N^1, x_N^2)$（或者到达终止状态，依假设其费用为 0）。追击者的一个合理的基础策略可由动态规划按如下方式提前计算出来：给定当前（非终止）状态 $x_k = (x_k^1, x_k^2)$，沿着从 x_k^1 开始并且最小化 $N - k$ 个阶段后的末端费用的路径移动一步，假设逃避者将保持在他的当前位置 x_k^2 不动。（在该策略的一种变形中，假设逃避者将按照某标称序列移动，进行动态规划计算。）

为了在线计算滚动控制，我们需要逃避者从每个 $x_{k+1} \in X_{k+1}(x_k, u_k)$ 出发可达到的末端费用的最大值，假设逃避者将遵循基础策略（已经被计算出来）。我们记这一最大值为 $\tilde{J}_{k+1}(x_{k+1})$。所需要的值 $\tilde{J}_{k+1}(x_{k+1})$ 可以由一个 $(N-k)$ 阶段的动态规划计算求解出来，后者涉及逃避者的最优选择，并且假设追击者使用（已经计算出来的）基础策略。那么追击者的滚动控制可由如下最小化获得：

$$\tilde{\mu}_k(x_k) \in \arg \min_{u_k \in U_k(x_k)} \max_{x_{k+1} \in X_{k+1}(x_k, u_k)} \tilde{J}_{k+1}(x_{k+1})$$

注意，上述算法可以调整后运用于信息不完美的情形，其中追击者并不精确知悉 x_k^2。这通过使用一种假设的确定性等价是可能的：追击者的基础策略和逃避者的最大化可用当前位置 x_k^2 的估计而非未知的真实位置。

在前面的追击者-逃避者一例中，问题的特殊结构为基础策略的选择提供了便利。然而一般而言，基础策略依赖于问题，找到便于实现的基础策略是一个重要的事情。

极小化极大滚动的变形

之前讨论的滚动的几种变形在极小化极大语境下有类似的形式。例如，具有末端费用近似的截断、多步和选择性步数前瞻以及多智能体滚动。特别地，在 l 步前瞻变形中，我们求解如下的 l 阶段问题：

$$\min_{u_k, \mu_{k+1}, \cdots, \mu_{k+l-1}} \max_{w_t \in W_t(x_t, u_t), t=k, k+l, \cdots, k+l-1} \left\{ g_k(x_k, u_k, w_k) \right.$$
$$\left. + \sum_{t=k+1}^{k+l-1} g_t(x_t, \mu_t(x_t), w_t) + H_{k+l}(x_{k+l}) \right\}$$

找到最优解 $\tilde{u}_k, \tilde{\mu}_{k+1}, \cdots, \tilde{\mu}_{k+l-1}$ 并应用该解的首个元素 $\tilde{u}_k$。举例而言，这类问题在像阿尔法零这样的国际象棋程序的每一步中都被求解，其中末端费用函数通过位置评估器编码。实际上当使用多步前瞻时，如阿尔法-贝塔剪枝的特殊技术可以通过消除前瞻树中不必要的部分加速计算。这些技术在两人计算机游戏方法论中众所周知，并在国际象棋等游戏中广泛使用。

请注意，与随机最优控制的情形不同，存在极小化极大控制的一种在线的约束形式的滚动。这里存在一些如下形式的额外的轨迹约束

$$(x_0, u_0, \cdots, u_{N-1}, x_N) \in C,$$

其中，C 是任意集合。所需要的修订与 6.6 节中类似：在由滚动生成的部分轨迹

$$\tilde{y}_k = (\tilde{x}_0, \tilde{u}_0, \cdots, \tilde{u}_{k-1}, \tilde{x}_k)$$

用具有费用函数 H_{k+1} 的启发式规则对保证可行性的集合 $\tilde{U}_k(\tilde{y}_k)$ 中的每一个 u_k(在这里可以运行某种算法，验证从 $(\tilde{y}_k, u_k)$ 开始在基础策略之下未来扰动 $w_k, w_{k+1}, \cdots, w_{N-1}$ 是否可选为违反约束) 计算 Q-因子：

$$\tilde{Q}_k(\tilde{x}_k, u_k) = \max_{w_k, w_{k+1}, \cdots, w_{N-1}} \left[g_k(\tilde{x}_k, u_k, w_k) \right.$$

$$+H_{k+1}\left(f_k(\tilde{x}_k, u_k, w_k), w_{k+1}, \cdots, w_{N-1}\right)\Big]$$

一旦计算出"可行控制"集合 $\tilde{U}_k(\tilde{y}_k)$，我们可以用 Q-因子最小化获得滚动控制：

$$\tilde{u}_k \in \arg \min_{u_k \in \tilde{U}_k(\tilde{y}_k)} \tilde{Q}_k(\tilde{x}_k, u_k)$$

也可使用无约束和约束滚动算法的强化版本，其保证了可行的费用改进的滚动策略。这需要假设在初始状态下基础启发式规则产生一条对所有可能的扰动序列都可行的轨迹。与确定性情形类似，也存在截断和多智能体版本的极小化极大滚动算法。

例 6.8.2（多智能体极小化极大滚动）

考虑一个极小化极大问题，其中最小化者的选择涉及 m 个智能体的决定，$u = (u^1, u^2, \cdots, u^m)$，其中 u^l 对应智能体 l，并且限制到有限集合 U^l 中，所以 u 必须从如下集合中选取：

$$U = U^1 \times U^2 \times \cdots \times U^m$$

该集合有限，但随着 m 增大该集合大小按指数速度增加。最大化者的选择 w 被限制为属于一个有限集合 W。我们考虑最小化者的多智能体滚动，并且为了简化，聚焦在一个两阶段的问题上。这一问题可推广到更一般的多阶段情形。

特别地，假设知道初始状态 x_0 的最小化者选择 $u = (u^1, u^2, \cdots, u^m)$，其中 $u^l \in U^l, l = 1, 2, \cdots, m$，且状态转移

$$x_1 = f_0(x_0, u)$$

以费用 $g_0(x_0, u)$ 出现。然后知道 x_1 的最大化者选择 $w \in W$，于是一个末端状态

$$x_2 = f_1(x_1, w)$$

以费用

$$g_1(x_1, w) + g_2(x_2)$$

被生成。问题是如何选择 $u \in U$ 以最小化

$$g_0(x_0, u) + \max_{w \in W}\left[g(x_1, w) + g_2(x_2)\right]$$

这个问题的精确动态规划算法给定如下：

$$J_1^*(x_1) = \max_{w \in W}\left[g_1(x_1, w) + g_2\left(f_1(x_1, w_1)\right)\right]$$

$$J_0^*(x_0) = \min_{u \in U}\left[g_0(x_0, u) + J_1^*\left(f_0(x_0, u)\right)\right]$$

当 m 取值大时，这一动态规划算法在计算上是不可接受的。原因是所有可能的最小化者的选择 u 构成的集合的大小随着 m 以指数速度增大，且对这些选择中的每一个都必须计算 $J_1^*\left(f_0(x_0, u)\right)$ 的值。

然而，通过使用基础策略 $\mu = (\mu^1, \mu^2, \cdots, \mu^m)$，该问题可用多智能体滚动近似求解。那么需要计算 $J_1^* (f_0(x_0, u))$ 的次数大幅下降。这一计算按每次一个智能体的序贯的方式进行，如下：

$$\tilde{u}^1 \in \arg \min_{u^1 \in U^1} \left[g_0\left(x_0, u^1, \mu^2(x_0), \cdots, \mu^m(x_0)\right) + J_1^* \left(f_0\left(x_0, u^1, \mu^2(x_0), \cdots, \mu^m(x_0)\right)\right) \right]$$

$$\tilde{u}^2 \in \arg \min_{u^2 \in U^2} \left[g_0\left(x, \tilde{u}^1, u^2, \mu^3(x_0), \cdots, \mu^m(x_0)\right) + J_1^* \left(f_0\left(x_0, \tilde{u}^1, u^2, \mu^3(x_0), \cdots, \mu^m(x_0)\right)\right) \right]$$

$$\vdots$$

$$\tilde{u}^m \in \arg \min_{u^m \in U^m} \left[g_0\left(x_0, \tilde{u}^1, \tilde{u}^2, \cdots, \tilde{u}^{m-1}, u^m\right) + J_1^* \left(f_0(x_0, \tilde{u}^1, \tilde{u}^2, \cdots, \tilde{u}^{m-1}, u^m)\right) \right]$$

在这个算法中，$J_1^* (f_0(x_0, u))$ 需要被计算的次数随 m 线性增加。

当阶段数大于 2 时，可以使用一个类似的算法。本质上，单阶段最大化者的费用函数 J_1^* 必须替代为一个多阶段最大化问题的最优费用函数，其中限制最小化者使用基础策略。

一个有趣的问题是当在极小化极大和极大化极小问题中使用近似时，多种算法是如何工作的？假设最大化者采用固定的策略，我们当然可以改进最小化者的策略。然而，如何同时改进最小化者和最大化者的策略并不清楚。在实际中，例如在对称博弈中，与国际象棋类似，为两个玩家都训练出常见的策略。特别地，在阿尔法零和时序差分西洋双陆棋程序中这一方式计算方便且工作良好。然而，并没有可靠的理论指导对最大化者和最小化者策略的同时训练，在例外情形中可能出现不寻常的行为是相当合理的。即使是马尔可夫博弈的精确策略迭代方法也碰到了严重的收敛性困难，且需要为了稳定的行为进行修订。作者的论文 [Ber21c] 和书 [Ber22a]（第 5 章）用策略迭代方法的修订版本处理这些收敛性问题，并给出了许多之前的参考文献。

最后注意在极小化极大控制中难点的另一来源：应用于求解极小化极大问题的贝尔曼方程的牛顿法展现了比其期望值对应版本更复杂的行为。原因是无限时段问题的贝尔曼算子 T，给定如下：

$$(TJ)(x) = \min_{u \in U(x)} \max_{w \in W(x,u)} \left[g(x, u, w) + \alpha J\left(f(x, u, w)\right) \right], \forall x$$

作为 J 的函数既非凸也非凹。为明白这一点，注意方程

$$\max_{w \in W(x,u)} \left[g(x, u, w) + \alpha J\left(f(x, u, w)\right) \right]$$

视作 J 的函数（对于固定的 (x, u)），是凸的，且当在 $u \in U(x)$ 上最小化时，它变成既非凸也非凹（参见图 3.9.4）。结果在建立牛顿法与自然形式的策略迭代的收敛性时存在特殊的困难，见 Pollatschek 和 Avi-Itzhak[PoA69]，也见作者的抽象动态规划书 [Ber22a] 的第 5 章。

极小化极大控制与零和博弈论

零和博弈问题被视为经济学领域中的基本问题，存在大量历史悠久的理论。在涉及动态系统

$$x_{k+1} = f_k(x_k, u_k, w_k)$$

和费用函数

$$g_k(x_k, u_k, w_k)$$

的博弈中有两个玩家，在每个阶段 k，最小化者选择 $u_k \in U_k(x_k)$，最大化者选择 $w_k \in W_k(x_k)$。这样的零和博弈涉及极小化极大和极大化极小两个控制问题：

（a）极小化极大问题，其中最小化者首先选择一个策略，然后最大化者在知道最小化者的策略后选择一个策略。这个问题的动态规划算法形式如下：

$$J_N^*(x_N) = g_N(x_N)$$

$$J_k^*(x_k) = \min_{u_k \in U_k(x_k)} \max_{w_k \in W_k(x_k)} \left[g_k(x_k, u_k, w_k) + J_{k+1}^* (f_k(x_k, u_k, w_k)) \right]$$

（b）极大化极小问题，其中最大化者首先选择一个策略，然后最小化者在知道最大化者的策略后选择一个策略。这个问题的动态规划算法形式如下：

$$\hat{J}_N(x_N) = g_N(x_N)$$

$$\hat{J}_k(x_k) = \max_{w_k \in W_k(x_k)} \min_{u_k \in U_k(x_k)} \left[g_k(x_k, u_k, w_k) + \hat{J}_{k+1} (f_k(x_k, u_k, w_k)) \right]$$

一个基本且易于看出的事实是

$$\text{极大化极小最优值} \leqslant \text{极小化极大最优值}$$

博弈论对于能保证

$$\text{极大化极小最优值} = \text{极小化极大最优值} \tag{6.50}$$

的问题特别感兴趣。然而，这类问题在涉及按最坏情形设计的工程情景中意义有限。式 (6.50) 称为极小化极大等式。该等式的有效性超出了实际的强化学习的范畴。这主要是因为一旦引入近似，保证这一等式的精致假设就被破坏了。

6.9　小阶段费用与长时段——连续时间滚动

考虑确定性单步值空间近似机制

$$\tilde{\mu}_k(x_k) \in \arg \min_{u_k \in U_k(x_k)} \left[g_k(x_k, u_k) + \tilde{J}_{k+1} (f_k(x_k, u_k)) \right] \tag{6.51}$$

在滚动的语境中，$\tilde{J}_{k+1}(f_k(x_k, u_k))$ 可能是由基础启发式规则从下一个状态 $f_k(x_k, u_k)$ 出发生成的轨迹的费用，也可能涉及截断和末端费用函数近似，正如在 6.5 节中的截断滚动机制中那样。

在这一语境中存在一类特殊的困难，在实用中经常碰到。这一难点出现在当每阶段的费用 $g_k(x_k, u_k)$ 为 0 或者远小于后续费用近似 $\tilde{J}_{k+1}(f_k(x_k, u_k))$。于是存在一个陷阱：在 $\tilde{J}_{k+1}(f_k(x_k, u_k))$ 这一项中内在的费用近似误差可能超过第一个阶段的费用项 $g_k(x_k, u_k)$，这对于单步前瞻策略 $\tilde{\pi} = \{\tilde{\mu}_0, \tilde{\mu}_1, \cdots, \tilde{\mu}_{N-1}\}$ 的质量具有不可预测的后果。我们首先考虑在对连续时间最优控制问题进行离散化过程中出现的离散时间问题，针对这类问题讨论上述难点。

连续时间最优控制与值空间近似

考虑涉及如下形式的向量微分方程的问题：

$$\dot{x}(t) = h(x(t), u(t), t), 0 \leqslant t \leqslant T \tag{6.52}$$

其中，$x(t) \in \Re^n$ 是时刻 t 的状态向量，$\dot{x}(t) \in \Re^n$ 是时刻 t 状态的一阶时间微分向量，$u(t) \in U \subset \Re^m$ 是时刻 t 的控制向量 (其中 U 是控制约束集合)，T 是给定的终止时间。从给定的初始状态 $x(0)$ 出发，我们想找到可行控制轨迹 $\{u(t)|t \in [0, T]\}$，该轨迹与其对应的状态轨迹 $\{x(t)|t \in [0, T]\}$ 一起最小化如下形式的费用函数

$$G(x(T)) + \int_0^T g(x(t), u(t), t)\, \mathrm{d}t \tag{6.53}$$

其中，g 表示单位时间的费用，G 是末端费用函数。这是具有悠久历史的一个经典问题。

考虑将之前的连续时间问题变成离散时间问题的一种简单转化，并简化所涉及的一些数学上的问题。引入一个小的离散化增量 $\delta > 0$，满足 $T = \delta N$，其中 N 是一个大的整数，将微分方程式 (6.52) 替代为

$$x_{k+1} = x_k + \delta \cdot h_k(x_k, u_k), k = 0, 1, \cdots, N-1$$

这里的函数 h_k 给定为

$$h_k(x_k, u_k) = h(x(k\delta, u(k\delta), k\delta))$$

其中，我们视 $\{x_k|k = 0, 1, \cdots, N-1\}$ 和 $\{u_k|k = 0, 1, \cdots, N-1\}$ 分别为状态和控制轨迹，分别近似了对应的连续时间轨迹：

$$x_k \approx x(k\delta), u_k \approx u(k\delta)$$

也将式 (6.53) 的费用函数替换为

$$g_N(x_N) + \sum_{k=0}^{N-1} \delta \cdot g_k(x_k, u_k)$$

其中

$$g_N(x_N) = G(x(N\delta)), g_k(x_k, u_k) = g(x(k\delta), u(k\delta), k\delta)$$

于是采用时间离散化的值空间近似机制的形式为

$$\tilde{\mu}_k(x_k) \in \arg\min_{u_k \in U} \left[\delta \cdot g_k(x_k, u_k) + \tilde{J}_{k+1}(x_k + \delta \cdot h_k(x_k, u_k)) \right] \tag{6.54}$$

其中，$\tilde{J}_{k+1}$ 是近似从 $k+1$ 时刻的一个状态出发的后续费用的函数。注意，随着 $\delta \to 0$ 这里的 $\delta \cdot g_k(x_k, u_k)$ 和 $\tilde{J}_{k+1}(x_k + \delta \cdot h_k(x_k, u_k))$ 的比例可能趋向于 0，因为当 $\delta \to 0$ 时 $\tilde{J}_{k+1}(x_k + \delta \cdot h_k(x_k, u_k))$ 通常粗略地保持在一个非零的水平。这提示受到离散化以及包括滚动截断和末端费用近似在内的其他误差的影响，单步前瞻最小化可能显著地变差。注意，类似的对误差的敏感可能出现在涉及频繁决策选择的其他离散时间模型中，其中每阶段的费用远小于在许多阶段上的累计误差以及末端费用。

为了处理这一难点，我们在单步前瞻最小化式 (6.54) 中减去常数 $\tilde{J}_k(x_k)$，写为

$$\tilde{\mu}_k(x_k) \in \arg\min_{u_k \in U} \left[\delta \cdot g_k(x_k, u_k) + \left(\tilde{J}_{k+1}(x_k + \delta \cdot h_k(x_k, u_k)) - \tilde{J}_k(x_k) \right) \right] \tag{6.55}$$

因为 $\tilde{J}_k(x_k)$ 不依赖于 u_k，最小化的结果不受影响。假设 $\tilde{J}_k$ 相对于其变量可微，我们可以写出

$$\tilde{J}_{k+1}(x_k + \delta \cdot h_k(x_k, u_k)) - \tilde{J}_k(x_k) \approx \delta \cdot \nabla_x \tilde{J}_k(x_k)' h_k(x_k, u_k)$$

其中，$\nabla_x \tilde{J}_k$ 表示 J_k 的梯度（一个列向量），撇号表示转置。通过除以 δ，并且对 $\delta \to 0$ 取极限，我们可以将单步前瞻最小化式 (6.55) 写成

$$\tilde{\mu}(t) \in \arg\min_{u(t) \in U} \left[g(x(t), u(t), t) + \nabla_x \tilde{J}_t(x(t))' h(x(t), u(t), t) \right] \tag{6.56}$$

其中，$\tilde{J}_t(x)$ 是连续时间费用函数近似，$\nabla_x \tilde{J}_t(x)$ 是其对于 x 的导数。这是式 (6.51) 的值空间近似机制对于连续时间问题的正确的类比形式。

连续时间最优控制滚动

从式 (6.56) 的值近似机制的视角，一种自然的推测是采用如下形式的基础策略

$$\pi = \{\mu_t(x(t)) \,|\, 0 \leqslant t \leqslant T\} \tag{6.57}$$

（其中对所有的 $x(t)$ 和 t 有 $\mu_t(x(t)) \in U$）的连续时间版本的滚动的形式为

$$\tilde{\mu}_t(x(t)) \in \arg\min_{u(t) \in U} \left[g(x(t), u(t), t) + \nabla_x J_{\pi,t}(x(t))' h(x(t), u(t), t) \right] \tag{6.58}$$

这里，$J_{\pi,t}(x(t))$ 是基础策略 π 从时间 t 的状态 $x(t)$ 开始的费用并且满足末端条件

$$J_{\pi,T}(x(T)) = G(x(T))$$

从计算上，上述右侧最小化的内积可以使用有限差分公式近似

$$\nabla_x J_{\pi,t}(x(t))' h(x(t), u(t), t) \approx \frac{J_{\pi,t}(x(t) + \delta \cdot h(x(t), u(t), t)) - J_{\pi,t}(x(t))}{\delta}$$

这可以通过分别从 $x(t)$ 和 $x(t) + \delta \cdot h(x(t), u(t), t)$ 开始运行基础策略 π 来计算。（这一有限差分操作可能涉及棘手的计算问题，但是我们将不深入讨论这一点。）

一个重要的问题是如何选择基础策略 π。一个经常有道理且方便的选择是将 π 选为"短视"策略，只考虑从当前状态出发的"短期"费用（比如从当前时间 t 开始的一段非常短的时段），但是忽视剩余的费用。一种极端的情形是短视策略，给定如下：

$$\mu_t\left(x(t)\right) \in \arg\min_{u \in U} g\left(x(t), u(t), t\right)$$

这一策略是我们在离散时间问题（特别是在例 6.4.1 的旅行商问题）中讨论的贪婪策略的连续时间类比。

下面的例子展示了式 (6.58) 的滚动算法用在基础策略费用 $J_{\pi,t}\left(x(t)\right)$ 与 $x(t)$ 独立（只依赖于 t）的问题上的情形，于是有

$$\nabla_x J_{\pi,t}\left(x(t)\right) \equiv 0$$

在这一情形中，从式 (6.56) 的视角，滚动策略是短视的。结果在这个例子中的最优策略也是短视的，所以尽管基础策略非常差但滚动策略是最优的。

例 6.9.1（一个变分问题）

这是一个从经典的变分背景下的简单例子（见 [Ber17a] 例 7.1.3）。问题是找到从给定点开始到给定线结束的长度最短的弧。不失一般性，令 $(0,0)$ 为给定点，令给定线为经过 $(T,0)$ 的垂直线，如图 6.9.1 所示。

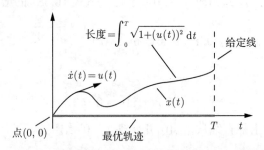

图 6.9.1　找到从给定点到给定线之间最短长度曲线的问题，将其建模为变分问题。

令 $(t, x(t))$ 为曲线上的点，其中 $0 \leqslant t \leqslant T$。曲线上连接点 $(t, x(t))$ 和 $(t+\mathrm{d}t, x(t+\mathrm{d}t))$ 之间的部分对于小的 $\mathrm{d}t$ 可以通过以 $\mathrm{d}t$ 和 $\dot{x}(t)\mathrm{d}t$ 为边的直角三角形的斜边近似。所以这一部分的长度为

$$\sqrt{(\mathrm{d}t)^2 + \left(\dot{x}(t)\right)^2 (\mathrm{d}t)^2}$$

这等于

$$\sqrt{1 + \left(\dot{x}(t)\right)^2}\mathrm{d}t$$

整条弧线的长度是这一表达式在 $[0,T]$ 上的积分，于是问题是

$$\min \int_0^T \sqrt{1 + \left(\dot{x}(t)\right)^2}\mathrm{d}t$$
$$\text{s.t. } x(0) = 0$$

为了将该问题重新建模为连续时间最优控制问题，我们引入控制 u 和系统方程

$$\dot{x}(t) = u(t), x(0) = 0$$

该问题于是具有如下形式

$$\min \int_0^T \sqrt{1 + (u(t))^2} \mathrm{d}t$$

这个问题符合连续时间最优控制框架，其中

$$h(x(t), u(t), t) = u(t), g(x(t), u(t), t) = \sqrt{1 + (u(t))^2}, G(x(T)) = 0$$

现在考虑基础策略 π，其中的控制只依赖于 t 而不依赖于 x。这样的策略具有如下形式

$$\mu_t(x(t)) = \beta(t), \forall x(t)$$

其中，$\beta(t)$ 是某个标量函数。例如，$\beta(t)$ 可能为常数，$\beta(t) \equiv \bar{\beta}$ 对某个 $\bar{\beta}$ 成立，这导出一条直线轨迹从 $(0,0)$ 开始并且与水平线的夹角 ϕ 满足 $\tan(\phi) = \beta$。基础策略的费用函数是

$$J_{\pi,t}(x(t)) = \int_t^T \sqrt{1 + \beta(\tau)^2} \mathrm{d}\tau$$

这与 $x(t)$ 独立，所以有 $\nabla_x J_{\pi,t}(x(t)) \equiv 0$。于是，从式 (6.58) 的最小化，我们有

$$\tilde{\mu}_t(x(t)) \in \arg \min_{u(t) \in \Re} \sqrt{1 + (u(t))^2}$$

且滚动策略是

$$\tilde{\mu}_t(x(t)) \equiv 0$$

这是最优策略：对应于水平直线从 $(0,0)$ 开始到 $(T, 0)$ 结束。

采用一般基础启发式规则的滚动——序贯改进

式 (6.58) 滚动算法的一种推广是使用更加一般的基础启发式规则，其费用函数 $H_t(x(t))$ 可以通过仿真评价。这一滚动算法的形式为

$$\tilde{\mu}(t) \in \arg \min_{u(t) \in U} \left[g(x(t), u(t), t) + \nabla_x H_t(x(t))' h(x(t), u(t), t) \right]$$

这里策略费用函数 $J_{\pi,t}$ 替换为更加一般的可微函数 H_t，后者通过基础启发式规则获得，可能缺乏策略内在的序贯一致性。

我们现在展示滚动算法的费用改进性质，假设如下的自然条件

$$H_T(\tilde{x}(T)) = G(\tilde{x}(T)) \tag{6.59}$$

以及对所有的 $(x(t), t)$ 有

$$\min_{u(t) \in U} \left[g(x(t), u(t), t) + \nabla_t H_t(x(t)) + \nabla_x H_t(x(t))' h(x(t), u(t), t) \right] \leqslant 0 \tag{6.60}$$

其中，$\nabla_x H_t$ 表示对于 x 的梯度，$\nabla_t H_t$ 表示对于 t 的梯度。这一假设是定义 6.4.2 的序贯改进条件的连续时间类比 [参见式 (6.18)]。在这一假设下，我们将证明

$$J_{\tilde{\pi},0}\left(x(0)\right) \leqslant H_0\left(x(0)\right) \tag{6.61}$$

即滚动策略从初始状态 $x(0)$ 开始的费用不差于基础启发式规则从相同的初始状态出发的费用。

确实，令 $\{\tilde{x}(t)|t \in [0,T]\}$ 和 $\{\tilde{u}(t)|t \in [0,T]\}$ 为由滚动策略从 $x(0)$ 开始生成的状态和控制轨迹。于是序贯改进条件式 (6.60) 对所有的 t 有

$$g\left(\tilde{x}(t),\tilde{u}(t),t\right) + \nabla_t H_t\left(\tilde{x}(t)\right) + \nabla_x H_t\left(\tilde{x}(t)\right)' h\left(\tilde{x}(t),\tilde{u}(t),t\right) \leqslant 0$$

对所有的 t，通过在 $[0,T]$ 上积分，我们获得

$$\int_0^T g\left(\tilde{x}(t),\tilde{u}(t),t\right) \mathrm{d}t + \int_0^T \left(\nabla_t H_t\left(\tilde{x}(t)\right) + \nabla_x H_t\left(\tilde{x}(t)\right)' h\left(\tilde{x}(t),\tilde{u}(t),t\right)\right)\mathrm{d}t \leqslant 0 \tag{6.62}$$

上面的第二个积分可以写成

$$\int_0^T \left(\nabla_t H_t\left(\tilde{x}(t)\right) + \nabla_x H_t\left(\tilde{x}(t)\right)' h\left(\tilde{x}(t),\tilde{u}(t),t\right)\right)\mathrm{d}t$$
$$= \int_0^T \left(\nabla_t H_t\left(\tilde{x}(t)\right) + \nabla_x H_t\left(\tilde{x}(t)\right)' \frac{\mathrm{d}\tilde{x}(t)}{\mathrm{d}t}\right)\mathrm{d}t$$

其积分项是相对于时间的总微分：$\frac{\mathrm{d}}{\mathrm{d}t}\left(H_t\left(\tilde{x}(t)\right)\right)$。所以我们从式 (6.62) 获得

$$\int_0^T g\left(\tilde{x}(t),\tilde{u}(t),t\right)\mathrm{d}t + \int_0^T \frac{\mathrm{d}}{\mathrm{d}t}\left(H_t\left(\tilde{x}(t)\right)\right)\mathrm{d}t$$
$$= \int_0^T g\left(\tilde{x}(t),\tilde{u}(t),t\right)\mathrm{d}t + H_T\left(\tilde{x}(T)\right) - H_0\left(\tilde{x}(0)\right) \leqslant 0 \tag{6.63}$$

因为 $H_T\left(\tilde{x}(T)\right) = G\left(\tilde{x}(T)\right)$[参见式 (6.59)] 和 $\tilde{x}(0) = x(0)$，从式 (6.63)[这是序贯改进条件式 (6.60) 的直接推论]，于是有

$$J_{\tilde{\pi},0}\left(x(0)\right) = \int_0^T g\left(\tilde{x}(t),\tilde{u}(t),t\right)\mathrm{d}t + G\left(\tilde{x}(T)\right) \leqslant H_0\left(x(0)\right)$$

从而证明了费用改进性质式 (6.61)。

注意，如果 H_t 是对应于基础策略 π 的费用函数 $J_{\pi,t}$，那么序贯改进条件式 (6.60) 得以满足。原因是对任意策略 $\pi = \{\mu_t\left(x(t)\right)|0 \leqslant t \leqslant T\}$[参见式 (6.57)]，动态规划算法（在所需要的数学条件之下）的类比形式为

$$0 = g\left(x(t),\mu_t\left(x(t)\right),t\right) + \nabla_t J_{\pi,t}\left(x(t)\right) + \nabla_x J_{\pi,t}\left(x(t)\right)' h\left(x(t),\mu_t\left(x(t)\right),t\right) \tag{6.64}$$

在连续时间最优控制论中，这被称为哈密尔顿-雅可比-贝尔曼方程。这是偏微分方程，可以视作对于单个策略的动态规划算法的连续时间的类比；也存在对于最优费用函数 $J_t^*(x(t))$ 的哈密尔顿-雅可比-贝尔曼方程（见最优控制教材，例如 [Ber17a]7.2 节和其中所引用的参考文献）。作为示意，读者可以验证在例 6.9.1 变分问题中使用的基础策略的费用函数满足这一方程。可以从式 (6.64) 的哈密尔顿-雅可比-贝尔曼方程看出当 $H_t = J_{\pi,t}$ 时，序贯改进条件式 (6.60) 和费用改进性质式 (6.61) 成立。

近似费用函数差分

最后注意之前的分析提示当处理具有长时段 N、系统方程为 $x_{k+1} = f_k(x_k, u_k)$ 且每阶段费用 $g_k(x_k, u_k)$ 远小于最优后续费用函数 $J_{k+1}(f_k(x_k, u_k))$ 的离散时间问题时，值得考虑值空间近似机制的一种替代实现方式。特别地，应该考虑近似费用差分

$$D_k(x_k, u_k) = J_{k+1}(f_k(x_k, u_k)) - J_k(x_k)$$

而不是近似后续费用函数 $J_{k+1}(f_k(x_k, u_k))$。单步前瞻最小化式 (6.51) 于是应替换为

$$\tilde{\mu}_k(x_k) \in \arg\min_{u_k \in U_k(x_k)} \left[g_k(x_k, u_k) + \tilde{D}_k(x_k, u_k) \right]$$

其中，$\tilde{D}_k$ 是 D_k 的近似。

也注意到尽管对于连续时间问题，近似最优费用函数的梯度的思想是至关重要的，且自然地来自于分析中，但是对于离散时间问题，近似后续费用差分（而不是费用函数）是可选的且应当在给定的问题中考虑。沿着这一思路的方法包括优势更新、费用塑形、有偏集结以及对基准线的使用，对此我们推荐书 [BeT96]、[Ber19a] 和 [Ber20a]。明确地近似费用函数差分的一种特定的方法是微分训练，这在 [Ber20a] 一书的 4.3.4 节中进行了讨论。

不幸的是，在每阶段的费用对所有的状态为 0 而仅在终止时出现非零费用的问题中，近似后续费用差分的效果可能不好。这一类费用结构（除去其他情形）出现在例如国际象棋和西洋双陆棋的游戏中。在这一情形中一种可能的有效的弥补方式是恢复到更长程的前瞻，或者通过多步前瞻最小化，或者通过某种形式的截断滚动，正如在阿尔法零和时序差分西洋双陆棋程序中所做的那样。

6.10 结语

尽管值空间近似、滚动和策略迭代的思想历史悠久，它们的重要性已经通过阿尔法零以及更早但是同样了不起的时序差分西洋双陆棋程序的成功得到了强调。两个程序都使用复杂的近似策略迭代算法和神经网络进行了大量的离线训练。然而在阿尔法零中离线获得的玩家通过在线对弈得到了极大提升，正如我们在第 1 章中所讨论的。进一步，时序差分西洋双陆棋程序通过为其在线对弈机制补充上截断滚动大幅提升了性能。

我们已经讨论了这一通过在线对弈获得的性能提升定义了新的控制与决策问题的可转化且广泛适用的范式，指导了阿尔法零和时序差分西洋双陆棋程序的设计原理：在线决策，使用值空间近似以及多步前瞻和滚动。而且，这一范式为统一强化学习和优化控制，特别

是为模型预测控制的方法论提供了基础。这里的模型预测控制实际上体现了阿尔法零和时序差分西洋双陆棋模型的设计理念。这一统一迫在眉睫。

我们已经强调了截断滚动的多个有益的性质，可作为长程前瞻最小化的一个可靠、易于实现且高性价比的替代。我们已经讨论了滚动及其变形在离散优化和整数规划问题的应用。我们也注意到采用稳定策略的滚动如何提升了由值空间近似机制获得的控制器的稳定性。稳定性问题在控制系统设计和模型预测控制中具有最高重要性，但并未由人工智能社区实践的强化学习方法论充分地处理。

进一步，我们已经讨论了策略改进使用值空间近似有一个在游戏（有稳定的规则和环境）中没有观察到的额外的好处。它适用于在线重规划和变化的问题参数，正如在间接自适应控制的情形中那样。

数学框架

从数学的视角，我们旨在提供数学框架和启示，这在离线训练的基础之上使用线决策更加便利。特别地，通过统一的抽象动态规划分析（该分析适用于可视化），我们已经证明了值空间近似和滚动的主要思想非常广泛地适用于涉及离散和连续搜索空间的确定性和随机最优控制问题。

本书的一个关键思想是将采用单步前瞻的值空间近似解释为牛顿步。这一思想已经在更加局限的策略迭代和滚动的背景下被熟知很长一段时间了，其中费用函数近似 $\tilde{J}$ 被限制为某个策略的费用函数。这一思想的推广，包括更一般的费用函数近似、多步前瞻、截断滚动与稳定性、离散和多智能体优化的关系，均在本书中给出，这些内容是新的（[Ber20a] 一书中给出了介绍），旨在推广牛顿法和其他经典算法，例如牛顿-SOR，其视角是强化学习方法论的中心概念元素。

我们超线性的收敛速率和灵敏度结果的数学证明主要针对一维二次型问题给出（第 4 章）。然而，这些结论可以直接推广到更加一般的多维线性二次型问题。进一步，类似的结论可以对更一般的问题获得，通过使用与我们在第 3 章中展示的牛顿步的等价，以及通过依赖于对不可微形式的牛顿法的已知分析，我们已经在附录中进行了讨论（也见附录）。还需要通过相当多的工作来澄清在多种动态规划问题中的牛顿法的例外行为，以及严格写出相关的数学结论。进一步，在每阶段费用有界的折扣问题的这一良好情形之外的问题中需要更好地描述方法的吸引域。

本书的一个主要的补充思想是我们将离线策略训练和费用近似解释为提升牛顿步的初始条件。这一解释支持了牛顿步/在线玩家是整个机制性能的关键决定因素，而初始条件的调整/离线训练扮演了次要的角色。这在概念上是有价值的起点，我们期待在特定的背景下牛顿步的初始条件和离线训练过程可以扮演非常重要的角色。例如，在模型预测控制中，在处理稳定性、状态约束、目标管道构建中，离线训练可能至关重要。

最后应指出前述数学思想在其抽象动态规划基础上具有通用的特征，因此适用于更一般的动态规划问题，涉及离散和连续的状态和控制空间，以及值空间近似和策略近似。这些思想可以有效融入广泛的方法论中，比如自适应控制、模型预测控制、分布式和多智能体控制、离散和贝叶斯优化、基于神经网络的近似以及离散优化的启发式规则，正如我们已经在书 [Ber19a] 和 [Ber20a] 中详细讨论过的那样。

有限时段问题和离散优化的滚动

在本章我们已经指出尽管我们在本书中的起点是无限时段问题，值空间近似和滚动也可以应用于有限时段问题，可以类似地解释为牛顿法。特别地，使用对应于时段端点的末端状态可以将有限时段问题转化为无限时段随机最短路问题。一旦完成这一步，当前工作的概念框架就可以应用于为值空间近似、滚动和牛顿法之间的联系提供启发。

所以我们的滚动思想适用的范围超出了无限时段动态规划问题，适用于经典的离散和组合优化问题的求解，正如我们在本章所展示的那样。这是 Bertsekas, Tsitsiklis 和 Wu 的论文 [BTW97] 中离散和组合优化问题中使用滚动的最初提议。我们推荐作者的 [Ber20a]一书中对有限时段问题的更全面的分析。

[Ber20a] 一书也包含了几个应用滚动到离散优化的例子，并提供了对 20 世纪 90 年代后期到目前这个时段中的许多工作的参考文献。这些工作讨论了滚动算法对广泛类别的实际问题的变形及针对问题的变化，并且一致地报告了良好的计算体验。对基础策略的费用改进的程度通常是显著的，显然得益于滚动之下的牛顿法的快速收敛速率。进一步，这些工作展示了滚动的一些其他的重要的优势：可靠、简单、适用于在线重规划以及与其他强化学习技术的交互，例如神经网络训练 (这可以用于提供合适的基础策略以及它们费用函数的近似)。

附录 A 不动点问题的牛顿法

在这一附录，我们首先推导求解如下形式的不动点问题的牛顿法的经典理论，

$$y = G(y)$$

其中，y 是一个 n 维向量，$G : \Re^n \mapsto \Re^n$ 是一个连续可微的映射。然后我们将这些结果推广到 G 不可微的情形，因为这是作为连续可微映射的最小值获得的，正如在贝尔曼算子的情形中（参见第 3 章）。

收敛性分析关系到贝尔曼方程 $J = TJ$ 的求解，其中 J 是一个 n 维向量（存在 n 个状态），对所有实值的 J 有 TJ 是实值的，且 T 或者是可微的或者涉及在有限个控制上的最小化。然而，这一分析阐明了这个机制，用此机制牛顿法可用于更一般的问题，如无限空间问题。进一步，这一分析未使用 T 的凹性和单调性，后者在我们已经讨论过的动态规划语境中成立（折扣、SSP 和非负费用确定性问题，参见第 2 章），但在其他动态规划相关的语境中可能不成立。

A.1 可微不动点问题的牛顿法

牛顿法是一个迭代算法，从某个初始向量 y_0 出发产生序列 $\{y_k\}$。它旨在渐近地获得 G 的一个不动点，即 $y_k \to y^*$，其中 y^* 满足 $y^* = G(y^*)$。牛顿法经常在求解系统方程组的上下文中进行分析。特别地，通过引入映射 $H : \Re^n \mapsto \Re^n$，给定如下

$$H(y) = G(y) - y, y \in \Re^n$$

不动点问题变换为求解方程 $H(y) = 0$。我们视 $H(y)$ 为 $\Re^n$ 中的列向量，其 n 个元素标记为 $H_1(y), H_2(y), \cdots, H_n(y)$：

$$H(y) = \begin{pmatrix} H_1(y) \\ H_2(y), \\ \vdots \\ H_n(y) \end{pmatrix}$$

每个函数 H_i 给定如下

$$H_i(y) = G_i(y) - y_i$$

其中，y_i 是 y 的第 i 个元素，G_i 是 G 的第 i 个元素。

假设 H 是可微的，牛顿法的形式为

$$y_{k+1} = y_k - \left(\nabla H(y_k)' \right)^{-1} H(y_k) \tag{A.1}$$

其中，∇H 是 $n \times n$ 矩阵，其列是 n 个元素 $H_1, H_2, \cdots, H_n$ 的梯度 $\nabla H_1, \nabla H_2, \cdots, \nabla H_n$，视作列向量：

$$\nabla H(y) = (\nabla H_1(y), \nabla H_2(y), \cdots, \nabla H_n(y))$$

$\nabla H(y_k)'$ 表示 $\nabla H(y_k)$ 的转置（即 $\nabla H(y_k)'$ 是 H 在 y_k 的雅可比阵）。算法式 (A.1) 是牛顿法的经典形式，假设 $\nabla H(y_k)$ 对每个 k 均可逆。[①]求解可微不动点问题 $y = G(y)$ 或者等价的方程 $H(y) = 0$ 的牛顿法示意图如图 A.1.1 所示。

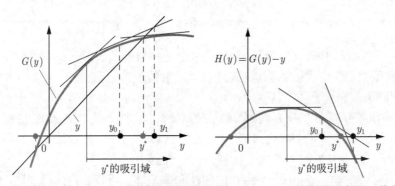

图 A.1.1　求解可微不动点问题 $y = G(y)$ 或者等价的方程 $H(y) = 0$ 的牛顿法示意图，其中
$$H(y) = G(y) - y$$
在每次迭代中该方法首先在当前迭代 y_k 通过一阶泰勒级数展开线性化问题，然后计算 y_{k+1} 作为该线性化问题的解。当从 y^* 的吸引域内出发时，即出发点 y_0 的集合满足
$$\|y_{k+1} - y^*\| \leqslant \|y_k - y^*\|, \ \text{且} \ y_k \to y^*$$
那么该方法收敛到解 y^*。在这个单维情形中，G 是凹且单调递增的，吸引域如图所示。

　　分析以下两方面内容。

　　（a）局部收敛性，处理在非奇异解 y^* 附近的行为，即 $H(y^*) = 0$ 且矩阵 $\nabla H(y^*)$ 可逆。

　　（b）全局收敛性，处理必要的修改以保证该方法在从远离所有解的位置启动时仍然可用且仍然很可能收敛到一个解。这样的修改可能包括改变起点 y_0 让其进入收敛域中（可保证收敛到一个解的起点构成的集合）或者改变方法自身以提升其稳定性。

---

　　① 一种对牛顿迭代的直观视角是其首先对 H 在当前点 y_0 通过一阶泰勒级数展开进行线性化
$$H(y) \approx H(y_k) + \nabla H(y_k)'(y - y_k)$$
然后计算 y_{k+1} 作为如下线性化系统
$$H(y_k) + \nabla H(y_k)'(y - y_k) = 0$$
的解。等价地，关于原本的不动点问题 $y = G(y)$，牛顿法首先在当前点 y_k 通过一阶泰勒级数展开式对 G 进行线性化
$$G(y) \approx G(y_k) + \nabla G(y_k)'(y - y_k)$$
其中，$\nabla G(y_k)'$ 是 G 的雅克比矩阵在 y_k 的取值。该方法然后计算 y_{k+1} 作为线性化不动点问题
$$y = G(y_k) + \nabla G(y_k)'(y - y_k)$$
的解。于是有
$$y_{k+1} = G(y_k) + \nabla G(y_k)'(y_{k+1} - y_k)$$
或者
$$(I - \nabla G(y_k)')(y_{k+1} - y_k) = -(y_k - G(y_k))$$
对此使用 $H(y) = G(y) - y$ 可以写成牛顿迭代 (A.1) 的形式。

当然存在其他有意思的问题，关系到方法的收敛性和收敛速率。该主题的文献相当丰富，在几本书和研究论文中均有所涉及。

本附录仅考虑局部收敛性问题，将聚焦在单个非奇异解，即一个向量 y^* 满足 $H(y^*) = 0$ 且 $\nabla H(y^*)$ 可逆。这里的主要结论是当从足够接近 y^* 的位置启动时，牛顿法式 (A.1) 超线性地收敛。证明这一事实的简单的论述如下。假设该方法产生了一个序列 $\{y_k\}$ 收敛到 y^*。使用在 y_k 的一阶展开写出

$$0 = H(y^*) = H(y_k) + \nabla H(y_k)'(y^* - y_k) + o(\|y_k - y^*\|)$$

通过将这一关系乘上 $(\nabla H(y_k)')^{-1}$ 我们有

$$y_k - y^* - (\nabla H(y_k)')^{-1} H(y_k) = o(\|y_k - y^*\|)$$

所以对于牛顿迭代式 (A.1)，我们获得

$$y_{k+1} - y^* = o(\|y_k - y^*\|)$$

所以如果对所有的 k 有 $y_k \neq y^*$，

$$\lim_{k\to\infty} \frac{\|y_{k+1} - y^*\|}{\|y_k - y^*\|} = \lim_{k\to\infty} \frac{o(\|y_k - y^*\|)}{\|y_k - y^*\|} = 0$$

这意味着超线性的收敛性。如果初始向量 y_0 充分接近 y^* 那么这一论述也可以用于证明收敛到 y^*。

我们将证明这一结论的更加细致的版本，这包括局部收敛的断言（当从接近 y^* 的位置开始时 $\{y_k\}$ 收敛到 y^*）。

命题 A.1.1　考虑函数 $H : \Re^n \mapsto \Re^n$，向量 y^* 满足 $H(y^*) = 0$。对任意的 $\delta > 0$，我们用 S_δ 表示开球 $\{x | \|y - y^*\| < \delta\}$，其中 $\|\cdot\|$ 表示欧氏范数。假设在某个球 $S_{\bar\delta}$ 内，H 是连续可微的，$\nabla H(y^*)$ 可逆，且 $\|(\nabla H(y)')^{-1}\|$ 以某个标量 $B > 0$ 为上界：

$$\|(\nabla H(y)')^{-1}\| \leqslant B, \forall y \in S_{\bar\delta}$$

也假设对某个 $L > 0$ 有

$$\|\nabla H(x) - \nabla H(y)\| \leqslant L\|x - y\|, \forall x, y \in S_{\bar\delta} \tag{A.2}$$

那么存在 $\delta \in (0, \bar\delta]$ 满足如果 $y_0 \in S_\delta$，由如下迭代

$$y_{k+1} = y_k - (\nabla H(y_k)')^{-1} H(y_k)$$

产生的序列 $\{y_k\}$ 属于 S_δ，并且单调地收敛到 y^*，即

$$\|y_k - y^*\| \to 0, \|y_{k+1} - y^*\| \leqslant \|y_k - y^*\|, k = 0, 1, \cdots \tag{A.3}$$

进一步，我们有

$$\|y_{k+1} - y^*\| \leqslant \frac{LB}{2}\|y_k - y^*\|^2, k = 0, 1, \cdots \tag{A.4}$$

证明 我们首先注意到如果 $y_k \in S_{\bar{\delta}}$，那么通过使用如下关系式

$$H(y_k) = \int_0^1 \nabla H\left(y^* + t(y_k - y^*)\right)' \, \mathrm{d}t(y_k - y^*)$$

我们有

$$
\begin{aligned}
\|y_{k+1} - y^*\| &= \|y_k - y^* - \left(\nabla H(y_k)'\right)^{-1} H(y_k)\| \\
&= \|\left(\nabla H(y_k)'\right)^{-1} \left(\nabla H(y_k)'(y_k - y^*) - H(y_k)\right)\| \\
&= \|\left(\nabla H(y_k)'\right)^{-1} \left(\nabla H(y_k)' - \int_0^1 \nabla H\left(y^* + t(y_k - y^*)\right)' \, \mathrm{d}t\right)(y_k - y^*)\| \\
&= \|\left(\nabla H(y_k)'\right)^{-1} \left(\int_0^1 \left[\nabla H(y_k)' - \nabla H\left(y^* + t(y_k - y^*)\right)'\right] \mathrm{d}t\right)(y_k - y^*)\| \\
&\leqslant B\left(\int_0^1 \|\nabla H(y_k) - \nabla H\left(y^* + t(y_k - y^*)\right)\|\mathrm{d}t\right)\|y_k - y^*\| \\
&\leqslant B\left(\int_0^1 Lt\|y_k - y^*\|\mathrm{d}t\right)\|y_k - y^*\| \\
&= \frac{LB}{2}\|y_k - y^*\|^2
\end{aligned}
$$

于是证明了式 (A.4)。假设 $y_0 \in S_{\bar{\delta}}$。由 ∇H 的连续性，取满足 $LB\delta < 1$ 的 $\delta \in (0, \bar{\delta}]$，于是如果 $y_0 \in S_\delta$，由之前的关系式可得

$$\|y_1 - y^*\| \leqslant \frac{1}{2}\|y_0 - y^*\| < \frac{\delta}{2}$$

通过用 y_1 替换 y_0 重复这一论述，获得 $\|y_2 - y^*\| \leqslant \frac{1}{2}\|y_1 - y^*\| < \frac{\delta}{4}$，以及类似的

$$\|y_{k+1} - y^*\| \leqslant \frac{1}{2}\|y_k - y^*\| < \frac{\delta}{2^{k+1}}, k = 0, 1, \cdots$$

于是有这一单调收敛性质式 (A.3)。证毕。

A.2 无须贝尔曼算子可微性的牛顿法

正如我们在第 3 章中注意到的，存在相当多的文献讨论求解不动点问题 $y = G(y)$ 的牛顿法的推广，通过使用从非光滑分析中的替代符号放松 T 的可微性要求。相关的工作包括 Josephy[Jos79]，Robinson[Rob80]、[Rob88]、[Rob11]，Kojima 和 Shindo[KoS86]，Kummer[Kum88]、[Kum00]，Pang[Pan90]，Qi 和 Sun[Qi93]、[QiS93]，Facchinei 和 Peng[FaP03]，

Ito 和 Kunisch[ItK03]，Bolte、Daniilidis 和 Lewis[BDL09]，Dontchev 和 Rockafellar[DoR14]
及其中引用的额外的参考文献。

　　这些论文对牛顿法的推广与我们的上下文强关联。特别地，命题 A.1 的证明可被简单推广到 G 不可微且具有贝尔曼算子的最小化结构的情形（假设控制空间有限）。思想是当第 k 次迭代 y_k 充分接近 G 的不动点 y^* 时，第 k 次牛顿迭代可以视作对某个连续可微映射 $\hat{G}_k$ 的牛顿迭代，其也以 y^* 为不动点，且通过最小化运算从 T 获得。之前的命题 A.1，应用于 $\hat{G}_k$，于是证明了距离 $\|y_k - y^*\|$ 以二次的速率单调减小。一维不可微方程 $H(y) = 0$ 的示意图如图 A.2.1 所示。

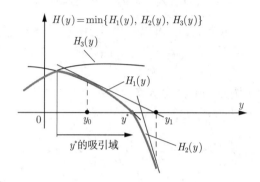

图 A.2.1　一维不可微方程
$$H(y) = 0$$
的示意图，其中 H 通过三个可微映射 H_1, H_2, H_3 获得：
$$H(y) = \min\{H_1(y), H_2(y), H_3(y)\}, y \in \Re$$
这里 $m = 3$ 且 $n = 1$[所以从 $U^*(i)$ 和 $U(i,k)$ 中省略索引 i]。在解 y^*，索引集合 U^* 由 $u = 1$ 和 $u = 2$ 构成，且对 $y_k \neq y^*$，我们有 $U(k) = \{1\}$ 或者 $U(k) = \{2\}$。应用于 H 的牛顿法，包括当 $y < y^*$ 且 $|y - y^*|$ 足够小时应用于 H_1 的牛顿迭代和当 $y > y^*$ 时应用于 H_2 的牛顿迭代。因为在 y^*，我们有
$$H_1(y^*) = H_2(y^*) = 0$$
两个迭代，在 $y < y^*$ 和 $y > y^*$，超线性地逼近 y^*。

　　在本附录讨论的不可微情形中，我们集中关注方程 $H(y) = 0$ 的解，其中映射 $H: \Re^n \mapsto \Re^n$ 有 n 个实值元素，记为 $H_1(y), H_2(y), \cdots, H_n(y)$：
$$H(y) = \begin{pmatrix} H_1(y) \\ H_2(y) \\ \vdots \\ H_n(y) \end{pmatrix}$$

元素映射 $H_1, H_2, \cdots, H_n : \Re^n \mapsto \Re$，涉及在参数 u 上的最小化（正如符号所建议的，参数对应于动态规划语境中的控制），具有如下形式
$$H_i(y) = \min_{u=1,2,\cdots,m} H_{i,u}(y), i = 1, 2, \cdots, n \tag{A.5}$$
映射 $H_{i,u} : \Re^n \mapsto \Re$ 给定如下
$$H_{i,u}(y) = G_{i,u}(y) - y_i, i = 1, 2, \cdots, n, u = 1, 2, \cdots, m$$

其中，对每个 i 和 u，$G_{i,u} : \Re^n \mapsto \Re$ 是给定的实值函数，y_i 是 y 的第 i 个元素。给定满足 $H(y^*) = 0$ 的向量 y^*，用 $U^*(i) \subset \{1, 2, \cdots, m\}$ 表示当 $y = y^*$ 时在式 (A.5) 中达到最小值的下标集合：

$$U^*(i) = \arg \min_{u=1,2,\cdots,m} H_{i,u}(y^*), i = 1, 2, \cdots, n$$

假设在某个球心位于 y^* 且半径为 $\bar{\delta}$ 的球 $S_{\bar{\delta}}$ 内，映射 $H_{i,u}(\cdot)$ 对所有的 i 和 $u \in U^*(i)$ 是连续可微的，而所有列为

$$\nabla H_{1,u_1}(y), \nabla H_{2,u_2}(y), \cdots, \nabla H_{n,u_n}(y)$$

的 $n \times n$ 矩阵可逆，其中对每个 i，u_i 可以取集合 $U^*(i)$ 中的任意值。所以映射的所有雅可比矩阵，对应于在 y^* "活跃" 的 $(u_1, u_2, \cdots, u_n)$(即对所有的 i 有 $u_i \in U^*(i)$)，假设为可逆。

给定迭代 y_k，牛顿法按照如下方式运算：对每个 $i = 1, 2, \cdots, n$ 找到当 $y = y_k$ 时在式 (A.5) 中达到最小值的下标集合 $U(i,k) \subset \{1, 2, \cdots, m\}$：

$$U(i,k) = \arg \min_{u=1,2,\cdots,m} H_{i,u}(y_k)$$

然后用下面的三步生成下一个迭代 y_{k+1}：

（a）对每个 $i = 1, 2, \cdots, n$，从 $U(i,k)$ 中选择任意的索引 $u(i,k)$。

（b）构成列为 $\nabla H_{1,u(1,k)}(y_k), \nabla H_{2,u(2,k)}(y_k), \cdots, \nabla H_{n,u(n,k)}(y_k)$ 的 $n \times n$ 矩阵 M_k：

$$M_k = \left(\nabla H_{1,u(1,k)}(y_k), \nabla H_{2,u(2,k)}(y_k), \cdots, \nabla H_{n,u(n,k)}(y_k) \right)$$

和元素为 $H_{1,u(1,k)}(y_k), H_{2,u(2,k)}(y_k), \cdots, H_{n,u(n,k)}(y_k)$ 的列向量 G_k：

$$G_k = \begin{pmatrix} H_{1,u(1,k)}(y_k) \\ H_{2,u(2,k)}(y_k) \\ \vdots \\ H_{n,u(n,k)}(y_k) \end{pmatrix}$$

（c）设定

$$y_{k+1} = y_k - \left(M_k' \right)^{-1} G_k \tag{A.6}$$

收敛性论证如下：当迭代 y_k 充分接近 y^* 时，对每个 $i = 1, 2, \cdots, n$，索引集合 $U(i,k)$ 是 $U^*(i)$ 的子集；见图 A.2 中当 $n = 1$ 和 $m = 2$ 的情形。原因是存在 $\epsilon > 0$ 满足对所有的 $i = 1, 2, \cdots, n$ 和 $u = 1, 2, \cdots, m$ 有

$$u \notin U^*(i) \Rightarrow H_{i,u}(y^*) \geqslant \epsilon$$

于是，存在一个球心位于 y^* 的球满足对所有球内的 y_k 和所有的 i，有

$$u \notin U^*(i) \Rightarrow H_{i,u}(y_k) \geqslant \epsilon/2$$

和

$$u \in U^*(i) \Rightarrow H_{i,u}(y_k) < \epsilon/2$$

这意味着如果 $u \notin U^*(i)$ 那么 $u \notin U(i,k)$，或者等价地 $U(i,k) \subset U^*(i)$。于是式 (A.6) 的迭代可以被视作应用于以 y^* 为解的可微方程系统的牛顿迭代。这个系统是

$$H_{i,u(i,k)}(y) = 0, i = 1, 2, \cdots, n,$$

且对应于索引集合

$$u(1,k), u(2,k), \cdots, u(n,k).$$

所以，在 y^* 附近，由命题 A.1 可知，无论在迭代 k 中哪一个索引 $u(i,k) \in U(i,k)$ 被选中式 (A.6) 迭代都以二次速率被吸引到 y^*。

　　最后，应注意到，尽管球是为单次迭代 k 构造的，在其中 $U(i,k) \subset U^*(i)$ 对所有的 i 成立，但是我们可以让球足够小以确保从当前迭代到 y^* 的距离对所有后续的迭代都减小，与命题 A.1 的证明类似。于是可以得出结论，即在 y_k 足够接近 y^* 之后，每个后续迭代都是应用到有限多个可微系统方程中一个的牛顿步，这些系统以 y^* 为共同解，且命题 A.1 的收敛性成立。

参 考 文 献

[ADB17] Arulkumaran, K., Deisenroth, M. P., Brundage, M., and Bharath, A. A., 2017. "A Brief Survey of Deep Reinforcement Learning," arXiv preprint arXiv:1708.05866.

[Arg08] Argyros, I. K., 2008. Convergence and Applications of Newton-Type Iterations, Springer, N. Y.

[AsH95] Aström, K. J., and Hagglund, T., 1995. PID Controllers: Theory, Design, and Tuning, Instrument Society of America, Research Triangle Park, NC.

[AsH06] Aström, K. J., and Hagglund, T., 2006. Advanced PID Control, Instrument Society of America, Research Triangle Park, N. C.

[AsW08] Aström, K. J., and Wittenmark, B., 2008. Adaptive Control, Dover Books; also Prentice Hall, Englewood Cliffs, N. J, 1994.

[BBD10] Busoniu, L., Babuska, R., De Schutter, B., and Ernst, D., 2010. Reinforcement Learning and Dynamic Programming Using Function Approximators, CRC Press, N. Y.

[BBM17] Borrelli, F., Bemporad, A., and Morari, M., 2017. Predictive Control for Linear and Hybrid Systems, Cambridge Univ. Press, Cambridge, UK.

[BBS95] Barto, A. G., Bradtke, S. J., and Singh, S. P., 1995. "Real-Time Learning and Control Using Asynchronous Dynamic Programming," Artificial Intelligence, Vol. 72, pp. 81-138.

[BDL09] Bolte, J., Daniilidis, A., and Lewis, A., 2009. "Tame Functions are Semismooth," Math. Programming, Vol. 117, pp. 5-19.

[BDT18] Busoniu, L., de Bruin, T., Tolic, D., Kober, J., and Palunko, I., 2018. "Reinforcement Learning for Control: Performance, Stability, and Deep Approximators," Annual Reviews in Control, Vol. 46, pp. 8-28.

[BKB20] Bhattacharya, S., Kailas, S., Badyal, S., Gil, S., and Bertsekas, D. P., 2020. "Multiagent Rollout and Policy Iteration for POMDP with Application to Multi-Robot Repair Problems," in Proc. of Conference on Robot Learning (CoRL); also arXiv preprint, arXiv:2011.04222.

[BLW91] Bittanti, S., Laub, A. J., and Willems, J. C., eds., 2012. The Riccati Equation, Springer.

[BMZ09] Bokanowski, O., Maroso, S., and Zidani, H., 2009. "Some Convergence Results for Howard's Algorithm," SIAM J. on Numerical Analysis, Vol. 47, pp. 3001-3026.

[BPW12] Browne, C., Powley, E., Whitehouse, D., Lucas, L., Cowling, P. I., Rohlfshagen, P., Tavener, S., Perez, D., Samothrakis, S., and Colton, S., 2012. "A Survey of Monte Carlo Tree Search Methods," IEEE Trans. on Computational Intelligence and AI in Games, Vol. 4, pp. 1-43.

[BSW99] Beard, R. W., Saridis, G. N., and Wen, J. T., 1998. "Approximate Solutions to the Time-Invariant Hamilton-Jacobi-Bellman Equation," J. of Optimization Theory and Applications, Vol. 96, pp. 589-626.

[BTW97] Bertsekas, D. P., Tsitsiklis, J. N., and Wu, C., 1997. "Rollout Algorithms for Combinatorial Optimization," Heuristics, Vol. 3, pp. 245-262.

[BeI96] Bertsekas, D. P., and Ioffe, S., 1996. "Temporal Differences-Based Policy Iteration and Applications in Neuro-Dynamic Programming," Lab. for Info. and Decision Systems Report LIDS-P-2349, MIT, Cambridge, MA.

[BeK65] Bellman, R., and Kalaba, R. E., 1965. Quasilinearization and Nonlinear Boundary-Value Problems, Elsevier, N.Y.

[BeR71] Bertsekas, D. P., and Rhodes, I. B., 1971. "On the Minimax Reachability of Target Sets and Target Tubes," Automatica, Vol. 7, pp. 233-247.

[BeS78] Bertsekas, D. P., and Shreve, S. E., 1978. Stochastic Optimal Control: The Discrete Time Case, Academic Press, N. Y.; republished by Athena Scientific, Belmont, MA, 1996 (can be downloaded from the author's website).

[BeT89] Bertsekas, D. P., and Tsitsiklis, J. N., 1989. Parallel and Distributed Computation: Numerical Methods, Prentice-Hall, Engl. Cliffs, N. J. (can be downloaded from the author's website).

[BeT96] Bertsekas, D. P., and Tsitsiklis, J. N., 1996. Neuro-Dynamic Programming, Athena Scientific, Belmont, MA.

[BeT08] Bertsekas, D. P., and Tsitsiklis, J. N., 2008. Introduction to Probability, 2nd Edition, Athena Scientific, Belmont, MA.

[BeY10] Bertsekas, D. P., and Yu, H., 2010. "Distributed Asynchronous Policy Iteration in Dynamic Programming," Proc. of Allerton Conf. on Communication, Control and Computing, Allerton Park, Ill, pp. 1368-1374.

[BeY12] Bertsekas, D. P., and Yu, H., 2012. "Q-Learning and Enhanced Policy Iteration in Discounted Dynamic Programming," Math. of Operations Research, Vol. 37, pp. 66-94.

[BeY16] Bertsekas, D. P., and Yu, H., 2016. "Stochastic Shortest Path Problems Under Weak Conditions," Lab. for Information and Decision Systems Report LIDS-2909, Massachusetts Institute of Technology.

[Bea95] Beard, R. W., 1995. Improving the Closed-Loop Performance of Nonlinear Systems, Ph.D. Thesis, Rensselaer Polytechnic Institute.

[Bel57] Bellman, R., 1957. Dynamic Programming, Princeton University Press, Princeton, N. J.

[Ber71] Bertsekas, D. P., 1971. "Control of Uncertain Systems With a Set-Membership Description of the Uncertainty," Ph.D. Thesis, Massachusetts Institute of Technology, Cambridge, MA (can be downloaded from the author's website).

[Ber72] Bertsekas, D. P., 1972. "Infinite Time Reachability of State Space Regions by Using Feedback Control," IEEE Trans. Automatic Control, Vol. AC-17, pp. 604-613.

[Ber82] Bertsekas, D. P., 1982. "Distributed Dynamic Programming," IEEE Trans. Aut. Control, Vol. AC-27, pp. 610-616.

[Ber83] Bertsekas, D. P., 1983. "Asynchronous Distributed Computation of Fixed Points," Math. Programming, Vol. 27, pp. 107-120.

[Ber05] Bertsekas, D. P., 2005. "Dynamic Programming and Suboptimal Control: A Survey from ADP to MPC," European J. of Control, Vol. 11, pp. 310-334.

[Ber11] Bertsekas, D. P., 2011. "Approximate Policy Iteration: A Survey and Some New Methods," J. of Control Theory and Applications, Vol. 9, pp. 310- 335.

[Ber12] Bertsekas, D. P., 2012. Dynamic Programming and Optimal Control, Vol. II, 4th Ed., Athena Scientific, Belmont, MA.

[Ber15] Bertsekas, D. P., 2015. "Lambda-Policy Iteration: A Review and a New Implementation," arXiv preprint arXiv:1507.01029.

[Ber16] Bertsekas, D. P., 2016. Nonlinear Programming, Athena Scientific, Belmont, MA.

[Ber17a] Bertsekas, D. P., 2017. Dynamic Programming and Optimal Control, Vol. I, 4th Ed., Athena Scientific, Belmont, MA.

[Ber17b] Bertsekas, D. P., 2017. "Value and Policy Iteration in Deterministic Optimal Control and Adaptive Dynamic Programming," IEEE Trans. on Neural Networks and Learning Systems, Vol. 28, pp. 500-509.

[Ber17c] Bertsekas, D. P., 2017. "Regular Policies in Abstract Dynamic Programming," SIAM J. on Optimization, Vol. 27, pp. 1694-1727.

[Ber18a] Bertsekas, D. P., 2018. Abstract Dynamic Programming, 2nd Ed., Athena Scientific, Belmont, MA (can be downloaded from the author's website).

[Ber18b] Bertsekas, D. P., 2018. "Feature-Based Aggregation and Deep Reinforcement Learning: A Survey and Some New Implementations," Lab. for Information and Decision Systems Report, MIT; arXiv preprint arXiv:1804.04577; IEEE/CAA Journal of Automatica Sinica, Vol. 6, 2019, pp. 1-31.

[Ber18c] Bertsekas, D. P., 2018. "Biased Aggregation, Rollout, and Enhanced Policy Improvement for Reinforcement Learning," Lab. for Information and Decision Systems Report, MIT; arXiv preprint arXiv:1910.02426.

[Ber18d] Bertsekas, D. P., 2018. "Proximal Algorithms and Temporal Difference Methods for Solving Fixed Point Problems," Computational Optimization and Applications, Vol. 70, pp. 709-736.

[Ber19a] Bertsekas, D. P., 2019. Reinforcement Learning and Optimal Control, Athena Scientific, Belmont, MA.

[Ber19b] Bertsekas, D. P., 2019. "Multiagent Rollout Algorithms and Reinforcement Learning," arXiv preprint arXiv:1910.00120.

[Ber19c] Bertsekas, D. P., 2019. "Constrained Multiagent Rollout and Multidimensional Assignment with the Auction Algorithm," arXiv preprint, arxiv.org/- abs/2002.07407.

[Ber20a] Bertsekas, D. P., 2020. Rollout, Policy Iteration, and Distributed Reinforcement Learning, Athena Scientific, Belmont, MA.

[Ber20b] Bertsekas, D. P., 2020. "Multiagent Value Iteration Algorithms in Dynamic Programming and Reinforcement Learning," Results in Control and Optimization J., Vol. 1, 2020.

[Ber21a] Bertsekas, D. P., 2021. "On-Line Policy Iteration for Infinite Horizon Dynamic Programming," arXiv preprint arXiv:2106.00746.

[Ber21b] Bertsekas, D. P., 2021. "Multiagent Reinforcement Learning: Rollout and Policy Iteration," IEEE/ CAA J. of Automatica Sinica, Vol. 8, pp. 249-271.

[Ber21c] Bertsekas, D. P., 2021. "Distributed Asynchronous Policy Iteration for Sequential Zero-Sum Games and Minimax Control," arXiv preprint arXiv:2107.- 10406, July 2021.

[Ber22a] Bertsekas, D. P., 2022. Abstract Dynamic Programming, 3rd Edition, Athena Scientific, Belmont, MA (can be downloaded from the author's website).

[Ber22b] Bertsekas, D. P., 2022. "Newton's Method for Reinforcement Learning and Model Predictive Control," ASU Report, January 2022; to appear in Results in Control and Optimization J.

[Bit91] Bittanti, S., 1991. "Count Riccati and the Early Days of the Riccati Equation," in The Riccati Equation (pp. 1-10), Springer.

[Bla65] Blackwell, D., 1965. "Positive Dynamic Programming," Proc. Fifth Berkeley Symposium Math. Statistics and Probability, pp. 415-418.

[BoV79] Borkar, V., and Varaiya, P. P., 1979. "Adaptive Control of Markov Chains, I: Finite Parameter Set," IEEE Trans. Automatic Control, Vol. AC-24, pp. 953-958.

[Bod20] Bodson, M., 2020. Adaptive Estimation and Control, Independently Published.

[Bor08] Borkar, V. S., 2008. Stochastic Approximation: A Dynamical Systems Viewpoint, Cambridge Univ. Press.

[Bor09] Borkar, V. S., 2009. "Reinforcement Learning: A Bridge Between Numerical Methods and Monte Carlo," in World Scientific Review, Vol. 9, Ch. 4.

[Bra21] Brandimarte, P., 2021. From Shortest Paths to Reinforcement Learning: A MATLAB-Based Tutorial on Dynamic Programming, Springer.

[CFH13] Chang, H. S., Hu, J., Fu, M. C., and Marcus, S. I., 2013. Simulation-Based Algorithms for Markov Decision Processes, 2nd Edition, Springer, N. Y.

[CaB07] Camacho, E. F., and Bordons, C., 2007. Model Predictive Control, 2nd Ed., Springer, New York, N. Y.

[Cao07] Cao, X. R., 2007. Stochastic Learning and Optimization: A Sensitivity-Based Approach, Springer, N. Y.

[DNP11] Deisenroth, M. P., Neumann, G., and Peters, J., 2011. "A Survey on Policy Search for Robotics," Foundations and Trends in Robotics, Vol. 2, pp. 1-142.

[DeF04] De Farias, D. P., 2004. "The Linear Programming Approach to Approximate Dynamic Programming," in Learning and Approximate Dynamic Programming, by J. Si, A. Barto, W. Powell, and D. Wunsch, (Eds.), IEEE Press, N. Y.

[DoS80] Doshi, B., and Shreve, S., 1980. "Strong Consistency of a Modified Maximum Likelihood Estimator for Controlled Markov Chains," J. of Applied Probability, Vol. 17, pp. 726-734.

[DoR14] Dontchev, A. L., and Rockafellar, R. T., 2014. Implicit Functions and Solution Mappings, 2nd Edition, Springer, N. Y.

[FaP03] Facchinei, F., and Pang, J.-S., 2003. Finite-Dimensional Variational Inequalities and Complementarity Problems, Vols I and II, Springer, N. Y.

[FeS04] Ferrari, S., and Stengel, R. F., 2004. "Model-Based Adaptive Critic Designs," in Learning and Approximate Dynamic Programming, by J. Si, A. Barto, W. Powell, and D. Wunsch, (Eds.), IEEE Press, N. Y.

[GBL12] Grondman, I., Busoniu, L., Lopes, G. A. D., and Babuska, R., 2012. "A Survey of Actor-Critic Reinforcement Learning: Standard and Natural Policy Gradients," IEEE Trans. on Systems, Man, and Cybernetics, Part C, Vol. 42, pp. 1291-1307.

[GSD06] Goodwin, G., Seron, M. M., and De Dona, J. A., 2006. Constrained Control and Estimation: An Optimisation Approach, Springer, N. Y.

[GoS84] Goodwin, G. C., and Sin, K. S. S., 1984. Adaptive Filtering, Prediction, and Control, Prentice-Hall, Englewood Cliffs, N. J.

[Gos15] Gosavi, A., 2015. Simulation-Based Optimization: Parametric Optimization Techniques and Reinforcement Learning, 2nd Edition, Springer, N. Y.

[HWL21] Ha, M., Wang, D., and Liu, D., 2021. "Offline and Online Adaptive Critic Control Designs With Stability Guarantee Through Value Iteration," IEEE Transactions on Cybernetics.

[HaR21] Hardt, M.. and Recht, B., 2021. Patterns, Predictions, and Actions: A Story About Machine Learning, arXiv preprint arXiv:2102.05242.

[Hay08] Haykin, S., 2008. Neural Networks and Learning Machines, 3rd Ed., Prentice-Hall, Englewood-Cliffs, N. J.

[Hew71] Hewer, G., 1971. "An Iterative Technique for the Computation of the Steady State Gains for the Discrete Optimal Regulator," IEEE Trans. on Automatic Control, Vol. 16, pp. 382-384.

[Hey17] Heydari, A., 2017. "Stability Analysis of Optimal Adaptive Control Under Value Iteration Using a Stabilizing Initial Policy," IEEE Trans. on Neural Networks and Learning Systems, Vol. 29, pp. 4522-4527.

[Hey18] Heydari, A., 2018. "Stability Analysis of Optimal Adaptive Control Using Value Iteration with Approximation Errors," IEEE Transactions on Automatic Control, Vol. 63, pp. 3119-3126.

[Hyl11] Hylla, T., 2011. Extension of Inexact Kleinman-Newton Methods to a General Monotonicity Preserving Convergence Theory, Ph.D. Thesis, Univ. of Trier.

[IoS96] Ioannou, P. A., and Sun, J., 1996. Robust Adaptive Control, Prentice-Hall, Englewood Cliffs, N. J.

[ItK03] Ito, K., and Kunisch, K., 2003. "Semi-Smooth Newton Methods for Variational Inequalities of the First Kind," Mathematical Modelling and Numerical Analysis, Vol. 37, pp. 41-62.

[JiJ17] Jiang, Y., and Jiang, Z. P., 2017. Robust Adaptive Dynamic Programming, J. Wiley, N. Y.

[Jos79] Josephy, N. H., 1979. "Newton's Method for Generalized Equations," Wisconsin Univ-Madison, Mathematics Research Center Report No. 1965.

[KAC15] Kochenderfer, M. J., with Amato, C., Chowdhary, G., How, J. P., Davison Reynolds, H. J., Thornton, J. R., Torres-Carrasquillo, P. A., Ore, N. K., Vian, J., 2015. Decision Making under Uncertainty: Theory and Application, MIT Press, Cambridge, MA.

[KKK95] Krstic, M., Kanellakopoulos, I., Kokotovic, P., 1995. Nonlinear and Adaptive Control Design, J. Wiley, N. Y.

[KKK20] Kalise, D., Kundu, S., and Kunisch, K., 2020. "Robust Feedback Control of Nonlinear PDEs by Numerical Approximation of High-Dimensional Hamilton-Jacobi-Isaacs Equations." SIAM J. on Applied Dynamical Systems, Vol. 19, pp. 1496-1524.

[KLM96] Kaelbling, L. P., Littman, M. L., and Moore, A. W., 1996. "Reinforcement Learning: A Survey," J. of Artificial Intelligence Res., Vol. 4, pp. 237-285.

[KeG88] Keerthi, S. S., and Gilbert, E. G., 1988. "Optimal Infinite-Horizon Feedback Laws for a General Class of Constrained Discrete-Time Systems: Stability and Moving-Horizon Approximations," J. Optimization Theory Appl., Vo. 57, pp. 265-293.

[Kle67] Kleinman, D. L., 1967. Suboptimal Design of Linear Regulator Systems Subject to Computer Storage Limitations, Doctoral dissertation, M.I.T., Electronic Systems Lab., Rept. 297.

[Kle68] Kleinman, D. L., 1968. "On an Iterative Technique for Riccati Equation Computations," IEEE Trans. Automatic Control, Vol. AC-13, pp. 114-115.

[KoC16] Kouvaritakis, B., and Cannon, M., 2016. Model Predictive Control: Classical, Robust and Stochastic, Springer, N. Y.

[KoS86] Kojima, M., and Shindo, S., 1986. "Extension of Newton and Quasi-Newton Methods to Systems of P C1 Equations," J. of the Operations Research Society of Japan, Vol. 29, pp. 352-375.

[Kok91] Kokotovic, P. V., ed., 1991. Foundations of Adaptive Control, Springer.

[Kor90] Korf, R. E., 1990. "Real-Time Heuristic Search," Artificial Intelligence, Vol. 42, pp. 189-211.

[Kri16] Krishnamurthy, V., 2016. Partially Observed Markov Decision Processes, Cambridge Univ. Press.

[Kum88] Kummer, B., 1988. "Newton's Method for Non-Differentiable Functions," Mathematical Research, Vol. 45, pp. 114-125.

[Kum00] Kummer, B., 2000. "Generalized Newton and NCP-methods: Convergence, Regularity, Actions," Discussiones Mathematicae, Differential Inclusions, Control and Optimization, Vol. 2, pp. 209-244.

[KuK21] Kundu, S., and Kunisch, K., 2021. "Policy Iteration for Hamilton-Jacobi-Bellman Equations with Control Constraints," Computational Optimization and Applications, pp. 1-25.

[KuV86] Kumar, P. R., and Varaiya, P. P., 1986. Stochastic Systems: Estimation, Identification, and Adaptive Control, Prentice-Hall, Englewood Cliffs, N. J.

[KuL82] Kumar, P. R., and Lin, W., 1982. "Optimal Adaptive Controllers for Unknown Markov Chains," IEEE Trans. Automatic Control, Vol. AC-27, pp. 765-774.

[Kum83] Kumar, P. R., 1983. "Optimal Adaptive Control of Linear-Quadratic-Gaussian Systems," SIAM J. on Control and Optimization, Vol. 21, pp. 163-178.

[Kum85] Kumar, P. R., 1985. "A Survey of Some Results in Stochastic Adaptive Control," SIAM J. on Control and Optimization, Vol. 23, pp. 329-380.

[LAM21] Lopez, V. G., Alsalti, M., and Muller, M. A., 2021. "Efficient Off- Policy Q-Learning for Data-Based Discrete-Time LQR Problems," arXiv preprint arXiv:2105.07761.

[LJM21] Li, Y., Johansson, K. H., Martensson, J., and Bertsekas, D. P., 2021. "Data-Driven Rollout for Deterministic Optimal Control," arXiv preprint arXiv:- 2105.03116.

[LLL08] Lewis, F. L., Liu, D., and Lendaris, G. G., 2008. Special Issue on Adaptive Dynamic Programming and Reinforcement Learning in Feedback Control, IEEE Trans. on Systems, Man, and Cybernetics, Part B, Vol. 38, No. 4.

[LPS21] Liu, M., Pedrielli, G., Sulc, P., Poppleton, E., and Bertsekas, D. P., 2021. "ExpertRNA: A New Framework for RNA Structure Prediction," bioRxiv 2021.01.18.427087; to appear in INFORMS J. on Computing.

[LWW17] Liu, D., Wei, Q., Wang, D., Yang, X., and Li, H., 2017. Adaptive Dynamic Programming with Applications in Optimal Control, Springer, Berlin.

[LXZ21] Liu, D., Xue, S., Zhao, B., Luo, B., and Wei, Q., 2021. "Adaptive Dynamic Programming for Control: A Survey and Recent Advances,"IEEE Transactions on Systems, Man, and Cybernetics, Vol. 51, pp. 142-160.

[LaR95] Lancaster, P., and Rodman, L., 1995. Algebraic Riccati Equations, Clarendon Press.

[LaS20] Lattimore, T., and Szepesvari, C., 2020. Bandit Algorithms, Cambridge Univ. Press.

[LaW13] Lavretsky, E., and Wise, K., 2013. Robust and Adaptive Control with Aerospace Applications, Springer.

[LeL13] Lewis, F. L., and Liu, D., (Eds), 2013. Reinforcement Learning and Approximate Dynamic Programming for Feedback Control, Wiley, Hoboken, N. J.

[LeV09] Lewis, F. L., and Vrabie, D., 2009. "Reinforcement Learning and Adaptive Dynamic Programming for Feedback Control," IEEE Circuits and Systems Magazine, 3rd Q. Issue.

[Li17] Li, Y., 2017. "Deep Reinforcement Learning: An Overview,"arXiv preprint ArXiv: 1701.07274v5.

[MDM01] Magni, L., De Nicolao, G., Magnani, L., and Scattolini, R., 2001. "A Stabilizing Model-Based Predictive Control Algorithm for Nonlinear Systems,"Automatica, Vol. 37, pp. 1351-1362.

[MKH10] Mayer, J., Khairy, K., and Howard, J., 2010. "Drawing an Elephant with Four Complex Parameters," American Journal of Physics, Vol. 78, pp. 648- 649.

[MRR00] Mayne, D., Rawlings, J. B., Rao, C. V., and Scokaert, P. O. M., 2000. "Constrained Model Predictive Control: Stability and Optimality," Automatica, Vol. 36, pp. 789-814.

[MVB20] Magirou, E. F., Vassalos, P., and Barakitis, N., 2020. "A Policy Iteration Algorithm for the American Put Option and Free Boundary Control Problems," J. of Computational and Applied Mathematics, vol. 373, p. 112544.

[MaK12] Mausam, and Kolobov, A., 2012. "Planning with Markov Decision Processes: An AI Perspective," Synthesis Lectures on Artificial Intelligence and Machine Learning, Vol. 6, pp. 1-210.

[Mac02] Maciejowski, J. M., 2002. Predictive Control with Constraints, Addison-Wesley, Reading, MA.

[Man74] Mandl, P., 1974. "Estimation and Control in Markov Chains," Advances in Applied Probability, Vol. 6, pp. 40-60.

[May14] Mayne, D. Q., 2014. "Model Predictive Control: Recent Developments and Future Promise," Automatica, Vol. 50, pp. 2967-2986.

[Mes16] Mesbah, A., 2016. Stochastic Model Predictive Control: An Overview and Perspectives for Future Research," IEEE Control Systems Magazine, Vol. 36, pp. 30-44.

[Mey07] Meyn, S., 2007. Control Techniques for Complex Networks, Cambridge Univ. Press, N. Y.

[NaA12] Narendra, K. S., and Annaswamy, A. M., 2012. Stable Adaptive Systems, Courier Corporation.

[OrR67] Ortega, J. M., and Rheinboldt, W. C., 1967. "Monotone Iterations for Nonlinear Equations with Application to Gauss-Seidel Methods,"SIAM J. on Numerical Analysis, Vol. 4, pp. 171-190.

[OrR70] Ortega, J. M., and Rheinboldt, W. C., 1970. Iterative Solution of Nonlinear Equations in Several Variables, Academic Press; republished in 2000 by the Society for Industrial and Applied Mathematics.

[PaJ21] Pang, B., and Jiang, Z. P., 2021. "Robust Reinforcement Learning: A Case Study in Linear Quadratic Regulation," arXiv preprint arXiv:2008.11592v3.

[Pan90] Pang, J. S., 1990. "Newton's Method for B-Differentiable Equations," Math. of Operations Research, Vol. 15, pp. 311-341.

[PoA69] Pollatschek, M., and Avi-Itzhak, B., 1969. "Algorithms for Stochastic Games with Geometrical Interpretation," Management Science, Vol. 15, pp. 399- 413.

[PoR12] Powell, W. B., and Ryzhov, I. O., 2012. Optimal Learning, J. Wiley, N. Y.

[PoV04] Powell, W. B., and Van Roy, B., 2004. "Approximate Dynamic Programming for High-Dimensional Resource Allocation Problems," in Learning and Approximate Dynamic Programming, by J. Si, A. Barto, W. Powell, and D. Wunsch, (Eds.), IEEE Press, N. Y.

[Pow11] Powell, W. B., 2011. Approximate Dynamic Programming: Solving the Curses of Dimensionality, 2nd Edition, J. Wiley and Sons, Hoboken, N. J.

[PuB78] Puterman, M. L., and Brumelle, S. L., 1978. "The Analytic Theory of Policy Iteration," in Dynamic Programming and Its Applications, M. L. Puterman (ed.), Academic Press, N. Y.

[PuB79] Puterman, M. L., and Brumelle, S. L., 1979. "On the Convergence of Policy Iteration in Stationary Dynamic Programming," Math. of Operations Research, Vol. 4, pp. 60-69.

[Put94] Puterman, M. L., 1994. Markovian Decision Problems, J. Wiley, N. Y.

[Qi93] Qi, L., 1993. "Convergence Analysis of Some Algorithms for Solving Nonsmooth Equations," Math. of Operations Research, Vol. 18, pp. 227-244.

[QiS93] Qi, L., and Sun, J., 1993. "A Nonsmooth Version of Newton's Method," Math. Programming, Vol. 58, pp. 353-367.

[RMD17] Rawlings, J. B., Mayne, D. Q., and Diehl, M. M., 2017. Model Predictive Control: Theory, Computation, and Design, 2nd Ed., Nob Hill Publishing (updated in 2019 and 2020).

[Rec18] Recht, B., 2018. "A Tour of Reinforcement Learning: The View from Continuous Control," Annual Review of Control, Robotics, and Autonomous Systems.

[RoB17] Rosolia, U., and Borrelli, F., 2017. "Learning Model Predictive Control for Iterative Tasks. A Data-Driven Control Framework," IEEE Trans. on Automatic Control, Vol. 63, pp. 1883-1896.

[RoB19] Rosolia, U., and Borrelli, F., 2019. "Sample-Based Learning Model Predictive Control for Linear Uncertain Systems," 58th Conference on Decision and Control (CDC), pp. 2702-2707.

[Rob80] Robinson, S. M., 1980. "Strongly Regular Generalized Equations," Math. of Operations Research, Vol. 5, pp. 43-62.

[Rob88] Robinson, S. M., 1988. "Newton's Method for a Class of Nonsmooth Functions," Industrial Engineering Working Paper, University of Wisconsin; also in Set-Valued Analysis Vol. 2, 1994, pp. 291-305.

[Rob11] Robinson, S. M., 2011. "A Point-of-Attraction Result for Newton's Method with Point-Based Approximations," Optimization, Vol. 60, pp. 89-99.

[SGG15] Scherrer, B., Ghavamzadeh, M., Gabillon, V., Lesner, B., and Geist, M., 2015. "Approximate Modified Policy Iteration and its Application to the Game of Tetris," J. of Machine Learning Research, Vol. 16, pp. 1629-1676.

[SBP04] Si, J., Barto, A., Powell, W., and Wunsch, D., (Eds.) 2004. Learning and Approximate Dynamic Programming, IEEE Press, N. Y.

[SHM16] Silver, D., Huang, A., Maddison, C. J., Guez, A., Sifre, L., Van Den Driessche, G., Schrittwieser, J., Antonoglou, I., Panneershelvam, V., Lanctot, M., and Dieleman, S., 2016. "Mastering the Game of Go with Deep Neural Networks and Tree Search," Nature, Vol. 529, pp. 484-489.

[SHS17] Silver, D., Hubert, T., Schrittwieser, J., Antonoglou, I., Lai, M., Guez, A., Lanctot, M., Sifre, L., Kumaran, D., Graepel, T., and Lillicrap, T., 2017. "Mastering Chess and Shogi by Self-Play with a General Reinforcement Learning Algorithm," arXiv preprint arXiv:1712.01815.

[SSS17] Silver, D., Schrittwieser, J., Simonyan, K., Antonoglou, I., Huang, A., Guez, A., Hubert, T., Baker, L., Lai, M., Bolton, A., and Chen, Y., 2017. "Mastering the Game of Go Without Human Knowledge," Nature, Vol. 550, pp. 354-359.

[SYL04] Si, J., Yang, L., and Liu, D., 2004. "Direct Neural Dynamic Programming," in Learning and Approximate Dynamic Programming, by J. Si, A. Barto, W. Powell, and D. Wunsch, (Eds.), IEEE Press, N. Y.

[SaB11] Sastry, S., and Bodson, M., 2011. Adaptive Control: Stability, Convergence and Robustness, Courier Corporation.

[SaL79] Saridis, G. N., and Lee, C.-S. G., 1979. "An Approximation Theory of Optimal Control for Trainable Manipulators," IEEE Trans. Syst., Man, Cybernetics, Vol. 9, pp. 152-159.

[SaR04] Santos, M. S., and Rust, J., 2004. "Convergence Properties of Policy Iteration," SIAM J. on Control and Optimization, Vol. 42, pp. 2094-2115.

[Sch15] Schmidhuber, J., 2015. "Deep Learning in Neural Networks: An Overview," Neural Networks, pp. 85-117.

[Sha53] Shapley, L. S., 1953. "Stochastic Games," Proc. of the National Academy of Sciences, Vol. 39, pp. 1095-1100.

[SlL91] Slotine, J.-J. E., and Li, W., Applied Nonlinear Control, Prentice-Hall, Englewood Cliffs, N. J.

[Str66] Strauch, R., 1966. "Negative Dynamic Programming," Ann. Math. Statist., Vol. 37, pp. 871-890.

[SuB18] Sutton, R., and Barto, A. G., 2018. Reinforcement Learning, 2nd Ed., MIT Press, Cambridge, MA.

[Sze10] Szepesvari, C., 2010. Algorithms for Reinforcement Learning, Morgan and Claypool Publishers, San Franscisco, CA.

[TeG96] Tesauro, G., and Galperin, G. R., 1996. "On-Line Policy Improvement Using Monte Carlo Search," NIPS, Denver, CO.

[Tes94] Tesauro, G. J., 1994. "TD-Gammon, a Self-Teaching Backgammon Program, Achieves Master-Level Play," Neural Computation, Vol. 6, pp. 215-219.

[Tes95] Tesauro, G. J., 1995. "Temporal Difference Learning and TD-Gammon," Communications of the ACM, Vol. 38, pp. 58-68.

[TsV96] Tsitsiklis, J. N., and Van Roy, B., 1996. "Feature-Based Methods for Large-Scale Dynamic Programming," Machine Learning, Vol. 22, pp. 59-94.

[VVL13] Vrabie, D., Vamvoudakis, K. G., and Lewis, F. L., 2013. Optimal Adaptive Control and Differential Games by Reinforcement Learning Principles, The Institution of Engineering and Technology, London.

[Van67] Vandergraft, J. S., 1967. "Newton's Method for Convex Operators in Partially Ordered Spaces," SIAM J. on Numerical Analysis, Vol. 4, pp. 406-432.

[Van78] van der Wal, J., 1978. "Discounted Markov Games: Generalized Policy Iteration Method," J. of Optimization Theory and Applications, Vol. 25, pp. 125-138.

[WLL16] Wei, Q., Liu, D., and Lin, H., 2016. "Value Iteration Adaptive Dynamic Programming for Optimal Control of Discrete-Time Nonlinear Systems," IEEE Transactions on Cybernetics, Vol. 46, pp. 840-853.

[WLL21] Winnicki, A., Lubars, J., Livesay, M., and Srikant, R., 2021. "The Role of Lookahead and Approximate Policy Evaluation in Policy Iteration with Linear Value Function Approximation," arXiv preprint arXiv:2109.13419.

[WhS92] White, D., and Sofge, D., (Eds.), 1992. Handbook of Intelligent Control, Van Nostrand, N. Y.

[YuB13] Yu, H., and Bertsekas, D. P., 2013. "Q-Learning and Policy Iteration Algorithms for Stochastic Shortest Path Problems," Annals of Operations Research, Vol. 208, pp. 95-132.

[YuB15] Yu, H., and Bertsekas, D. P., 2015. "A Mixed Value and Policy Iteration Method for Stochastic Control with Universally Measurable Policies," Math. of OR, Vol. 40, pp. 926-968.

[ZSG20] Zoppoli, R., Sanguineti, M., Gnecco, G., and Parisini, T., 2020. Neural Approximations for Optimal Control and Decision, Springer.